食品动物安全生产技术丛书

奶牛健康高效养殖

王杏龙 编著

金盾出版社

内 容 提 要

本书是"食品动物安全生产技术丛书"的一个分册，由扬州大学动物科学与技术学院专家编著。内容包括：奶牛健康养殖的概念和意义，奶牛的健康与保健，奶牛常见病的防治，高产奶牛群的繁育，奶牛的标准化饲养管理，牛奶的优质安全，奶牛场建设等。从理论与生产实践的结合上对奶牛的健康高效养殖作了较全面的介绍，内容翔实，实用性强，适合奶牛养殖场、奶牛养殖专业户学习使用，亦可供农业院校相关专业师生阅读参考。

图书在版编目(CIP)数据

奶牛健康高效养殖/王杏龙编著.—北京：金盾出版社，2008.9
(食品动物安全生产技术丛书)
ISBN 978-7-5082-5240-7

Ⅰ.奶… Ⅱ.王… Ⅲ.奶牛-饲养管理 Ⅳ.S823.9

中国版本图书馆 CIP 数据核字(2008)第 129621 号

金盾出版社出版、总发行
北京太平路 5 号(地铁万寿路站往南)
邮政编码：100036 电话：68214039 83219215
传真：68276683 网址：www.jdcbs.cn
封面印刷：北京金盾印刷厂
正文印刷：北京兴华印刷厂
装订：双峰装订厂
各地新华书店经销

开本：850×1168/32 印张：8.5 字数：211 千字
2009 年 12 月第 1 版第 2 次印刷
印数：10001—18000 册 定价：14.00 元

目　录

第一章 绪 论

一、健康养殖的概念和意义

健康养殖的概念最早在20世纪90年代中后期由我国海水养殖界提出的，以后拓展到畜牧养殖业。健康养殖是以保护动物健康和人类健康，生产安全营养的无公害畜产品为目的，根据养殖对象的生物学特性，运用生理学、生态学、营养学原理来指导养殖生产的一系列系统的原理技术和方法。

健康养殖生产的产品首先必须为社会接受，是质量安全可靠、无公害的畜产品，对人类健康没有危害；其次，健康养殖是具有较高经济效益的生产模式；再次，健康养殖对于资源的开发利用是良性的，其生产模式应该是可持续的，对于环境的影响是有限的，体现了现代畜牧业的经济、生态和社会效益的高度统一，即三大效益并重。健康养殖生态管理的基本原理包括：养殖环境的管理，组合因子的结合管理，加强对能引起养殖生物“应激反应”的生态因子的监控，合理的养殖密度，合理营养的管理和有效的疫病防控。

随着经济的快速发展和人民生活水平的不断提高，对畜产品的需求量不断加大，导致近年来我国的养殖业发展迅猛，由此引发的污染问题愈发严重。畜禽粪便中大量的氮、磷、硫、铜等元素污染了我们赖以生存的土壤和水源，粪尿分解产生的大量有害气体污染了大气。据国家环保总局2000年对全国23个规模化畜禽养殖集中的省、直辖市调查显示，我国1999年畜禽废弃物产生量约为19亿吨，是工业固体废物的2.4倍（我国工业当年产生的工业固体废物为7.91亿吨）。畜禽废弃物中含有大量的有机污染物，仅 COD(化学需氧量)一项就达 7 118 万吨,已远远超过工业和生活污水污染物的 COD 之和,环境压力已经成为制约畜牧业持续发展的“瓶颈”。因此,2001 年 12 月,国家环保总局与国家质量监督检验检疫总局联合发布了《畜禽养殖业污染物排放标准》(GB 18596—2001),按集约化对不同规模的畜禽养殖业分别规定了水污染物、恶臭气体的最高允许日均排放浓度、最高允许排水量和养殖业废渣无害化环境标准。从法制层面上对畜牧业的无序发展进行了限制,传统的单纯以经济效益为目的的非健康养殖模式必须摒弃,取而代之的是健康养殖模式。健康养殖将成为养殖业发展的必然趋势,因其是以安全,优质、高效、无公害为主要内涵的可持续发展的养殖业,是在以主要追求数量增长为主的传统养殖业的基础上实现数量、质量和生态效益并重发展的现代养殖业。

二、奶牛健康养殖的内容

奶牛健康是高效益和奶产品质量安全的基础,而高产、优质、抗逆奶牛新品种选育和实施标准化饲养管理是奶牛健康的保障。要实现健康养殖,需要充分了解奶牛解剖生理特点和疫病发生的基本规律,在营养、饲料、环境等诸多方面,给奶牛提供最合适的条件。

(一)场址合适

适宜的场址对于健康养殖和养殖健康也是十分重要的。奶牛场选址要符合卫生防疫要求,远离交通要道、村庄、学校、工业区和居住区,无污染,无辐射,远离噪声区,尽量选用荒山、荒坡地,要求场内结构布局合理,建筑材料安全可靠,场区内空气清新、水源充足,水质必须符合无公害畜禽生产的要求,不含病原微生物、寄生虫卵、重金属、有机腐败产物。不管奶牛场规模多大,都应该有完备的处理粪便、垃圾和污水的设施。奶牛场的环境要进行必要的改造，要有利于防疫、防暑、防寒、防灾。

(二)牛群健康

健康是高效益和奶产品质量安全的基础。养殖奶牛从一开始就要注意它们的健康状况。如果是新建牛场，从牛只引购起就要注意选择。如果是从外地(含国外、省外)引进牛只，一定要了解种源输出地的疫情情况。除了到现场察看外，最好应从某些病的“无疫区”购进，有些病种应在当地免疫后方能引进，在购进前要与当地官方兽医机构取得联系，并由他们检疫和出具合法的检疫证明。所购牛只的运输方式、运输工具和运输线路也很重要，中途最好不要上下，不要添加不了解卫生状况的饲料和饮水，运输线路最大限度地不要经过某些重大疫病流行区。购回后要认真按规定隔离观察，确定无重大疫病后方可应用。如果必须去市场购买，除了察看奶牛本身的精神、食欲、饮水、体温、心跳、呼吸等情况外，还必须查验是否有合法有效的检疫证明，购回后也应按规定隔离观察。

(三)环境舒适

环境不适能引起应激，导致机体代谢紊乱，引发各种疾病，给奶牛造成严重危害。因此，奶牛的生存环境要满足其基本的生理需求，如空间、温度、湿度、通风、光线等，尤其要注意排气、降尘、除噪。封闭式圈舍内的有害气体很多，包括二氧化碳、氨气、二氧化硫、硫化氢等，有些刺激性气体是呼吸道感染的诱发因素，必须注意通过通风及时排除，冬季要处理好通风与保暖的关系。为防止扬起灰尘，打扫圈舍前后都要喷雾降尘。噪声对奶牛危害严重，严重时可引起猝死，必须注意消除噪声，尤其是饲料加工区应远离养殖区。养殖场必须选择合适的圈舍和器具，给奶牛提供舒适的生存空间。

(四)营养平衡

实施标准化饲养管理是奶牛健康的保障。奶牛生长发育需要的营养成分比较复杂,单靠某一种或某几种饲料很难满足要求。因此,奶牛的日粮组成要多样,能量、蛋白质、氨基酸、矿物质、维生素等营养要素的比例要合理,过多不但会增加成本,还会影响机体健康发育,导致畸形。尤其要注意采用理想蛋白质模式,按可消化氨基酸需要量配合日粮,保证充分满足奶牛对氨基酸、蛋白质的营养需要。应该注意的是,尽量不要在饲料中添加各种抗菌药物,防止破坏机体内的菌群平衡而引起内源性感染,防止培养出耐药的"超级细菌",给人类的生命安全造成威胁。

(五)饲料安全

饲料是影响健康养殖的重要环节。奶牛生产过程的实质,其实就是将饲料转化成为人的食品——奶产品的过程,饲料安全是动物产品安全的基础和保证。奶牛健康养殖要求饲料品质优良,无污染、无霉变,饲料原料要经过适当加工,成品饲料的物理特性要符合奶牛的采食生理习惯。含有天然毒素的饲料原料,如菜籽饼、棉籽饼等,必须经过脱毒处理,还要控制用量。剩料要及时清理,防止腐败变质。禁止用各种生活泔水、生活垃圾喂牛。奶牛饲料中严禁使用各种违禁药物和添加剂,防止药物残留对人体造成危害。

(六)预防疾病

传染病是健康养殖的头号敌人,对传染病应以人工免疫为主,配合严格的消毒措施。奶牛场必须制定好科学合理的免疫程序,严格执行防疫制度,选用的疫苗应具有针对性,疫苗质量必须可靠,根据疫苗要求和奶牛场情况灵活选择可靠的免疫方法和免疫程序，为了增强免疫效果，可以使用免疫增强剂来提高免疫效果，常用的免疫增强剂主要有左咪唑、脂质体、中草药等。同时，定期监测抗体水平、快速早期诊断疫病，也是健康养殖的重要技术保障。预防普通病，重点在于加强饲养管理，同时还要密切关注气候变化，及时给予奶牛必要的防护措施，春秋防干燥，夏季防暑，冬季防寒。预防寄生虫病的关键在于保证饲料安全，清除吸血昆虫和定期驱虫。夏季气候炎热，蚊、蝇孳生，奶牛场应做好清除害虫和饲料防霉工作。

（七）谨慎消毒

日常消毒是保证奶牛健康安全的重要措施，绝对不能放松要求。制定各种消毒管理制度时不能流于形式，要从奶牛场的实际出发，在具体操作时更要注重实效，通过空气消毒、器械消毒、用具消毒，把危害奶牛健康的各种因素消除掉。消毒操作过程更需谨慎，其中，消毒剂的选用很重要，要充分考虑到消毒剂对奶牛可能带来的损害，保证消毒过程和消毒前后不会给奶牛带来过大的应激。带牛消毒时，必须选用对皮肤黏膜无腐蚀、无毒性的表面活性剂类消毒剂，如新洁尔灭、洗必泰、百毒杀、畜禽安等。饮水消毒时，应选用容易分解的卤素类消毒剂，如漂白粉、次氯酸钙等。为保证产品的风味，奶牛场应禁止使用复合酚类消毒剂。

（八）善待奶牛

我们虽然可以利用动物，但却不能不尊重生命、敬畏生命、关爱生命，从一定意义上说，关爱动物就是关爱人类自己。善待奶牛，给予奶牛必要的福利，是在奶牛养殖业推行人性化管理的重要理念。奶牛场从环境改造、畜栏设计到日常管理、转运方式和屠宰过程，都要充分考虑奶牛的解剖生理特点和生命本能需求，给予人道化的饲养制度和管理措施，使奶牛不受饥渴、不受痛苦伤害和疾病侵害、生活舒适、无恐惧和悲伤感、能表达天性等方面的自由，让奶牛吃得舒服、住得舒服，能健康、愉快地度过一生。从经济学角度看，重视动物福利，不单是为了让动物生活舒适，更重要的意义在于通过提供良好的生长条件，借以增加产品数量、提高产品质量，从而可以大幅度提高奶牛场的经济效益。

（九）控制污染

据测定，1 个百头养牛场年产粪便 680 吨。奶牛场粪便、垃圾、污水中含有大量病原微生物和大量的氮、磷等矿物质，若不经处理，直接排入外界，既会严重污染水源，导致水体富营养化，也会破坏土壤的结构，影响植被的生存，危害生态平衡。同时，奶牛场的恶臭气体也会使空气质量恶化，严重影响人类的居住环境。因此，养殖奶牛必须顾及对环境的影响，不但要对粪便、污水进行恰当的处理，还要注意尽量通过调整日粮结构减轻污染物的排泄，如采用理想蛋白质模式配制饲料，能减少恶臭气体的产生和释放，不使用各种高铜、高锌等刺激动物生长的饲料，防止排污物中矿物质含量超高造成污染。为降低粪便对环境的污染程度，目前对粪污的处理比较客观实际的方式还是作为有机肥料和生产沼气。

（十）制度规范

奶牛场必须有规范的管理制度并认真付诸实施，如确立定期巡查制度，保证饲养员能按时观察牛群并及时反馈信息。实施封闭管理制度，坚决杜绝外人进场参观，禁止无关人员随便进出场区。建立兽药档案制度，确保使用的兽药是从正规渠道购进的合格兽药，并严格按规定使用，落实健康检查制度，保证饲养管理人员身体健康，绝对禁止人兽共患传染病通过人体携带进场。比如，饲养奶牛的人员应当没有结核病；患流感的病人应当在病愈之后再去奶牛场（户）；患传染性肝炎的人在具较强的传染力期间不应去从事奶牛饲喂、挤奶等。奶牛场内只能饲养单一的动物品种，不能两种或两种以上的动物混养在一起，这一点尤其需要引起小型养殖场和散养户的注意。作为饲养管理及兽医人员等也应注意自身的健康保护，要强化经常性的自我卫生观念和卫生措施，该穿防护服、鞋和戴口罩的一定要穿戴，在场内工作时间严禁吃喝东西，出场要洗手、洗澡、消毒、换衣等，要时刻注意保护自己和家人的健康。

（十一）评估检测

奶牛场应定期对牛群进行健康检测，对环境条件、管理制度进行安全检查和评估，认真查找安全隐患，检查出已经携带病原体的个体后，必须及时进行隔离治疗和保健护理，对全场奶牛的饲养管理制度和免疫预防措施给予有针对性的调整，给奶牛打造一个健康生活、安全生活的绿色屏障。健康检测的侧重点，应主要集中解决一些繁殖障碍性疾病、多病因性疾病和隐性感染性疾病的感染和流行问题。

（十二）加强培训

对奶牛场的管理和技术人员要根据生产环节及时进行全面培训，在掌握健康养殖知识的同时，重视抓好各项措施的落实。对管理和技术人员实行目标管理考核制度，重点应放在饲养管理人员责任心的考评上，工作绩效要与报酬挂钩。

三、国内健康养殖技术现状

我国现代养殖起步于 20 世纪 70 年代末，20 多年来养殖业产量和产值以两位数的速度快速增长，迅速解决了我国动物性食品短缺的矛盾。近 20 年来，我国养殖业科技活动也主要以解决支撑养殖业数量增长的技术需求而展开，在动物高产品种培育、动物营养需要量和饲料配方技术等方面取得了一批成果。与此同时，在能量、蛋白质，维生素、矿物质等养分的生物学效价，动物体内对养分的消化、吸收、代谢规律及其监测方法，营养与消化道微生态，营养与免疫、营养与环境、营养与动物产品品质的关系等方面都积累了一系列前期研究基础。20 世纪 90 年代中后期以来，一个重要发展是现代分子生物学技术和信息技术与动物营养、动物卫生、代谢调控、动物食品安全等研究领域的有机结合，开辟了数字养殖业、精准养殖业、动物食品安全生产、动物福利及应激监测等新的方向。

国内的动物健康养殖主要是以“集约化畜牧业”的形式体现。所谓“集约化经营”，就是一种“高投入、高产出、高效益”的经营方式。也就是说，“以较多的资金、科技或劳动的投入，获取较多的产出，并获取较高的社会效益、经济效益和环境效益”的一种经营模式。

当前我国畜禽健康养殖存在着很多的问题。如违禁饲料添加剂和抗生素的滥用，养殖造成的严重的环境污染，疫情的净化和控制不利等重大问题，其中有毒有害物质的污染及残留就是一大类亟待解决的问题。包括抗生素残留、激素残留、致癌物质残留等。这些物质进入人体后，具有一定的毒性反应，如致癌、激素样作用，病菌耐药性增加以及产生过敏反应等。据调查，因为饲养密度大、环境控制难等因素导致细菌性疾病成为规模化养殖生产中的常见和多发疾病，以大肠杆菌病、沙门氏菌病等为主的细菌性疾病的发生呈上升趋势，且疾病的临床表现更加复杂，防治难度增大。目前，国内外对动物细菌性疾病的防治均广泛采用抗菌药物，由于药物的长期使用、滥用，不仅使养殖生产成本提高，而且病原菌的耐药性普遍上升、耐药谱越来越广，用药量越来越大，畜产品中抗菌药物残留超标直接危害人类健康等。病原菌的耐药性已受到世界各国的广泛关注。世界卫生组织已呼吁全世界加强病原菌耐药机制的研究、病原菌耐药性的检测和控制、畜产品兽药残留的监测和安全高效新兽药的研发，以控制病原菌耐药性的产生和减少药物的使用，保证畜产品安全和人类健康。

探索新的养殖模式、研究新的养殖技术和方法等来减轻养殖对环境压力是维持畜牧业的可持续发展的需要。健康养殖技术相对于传统的养殖技术与管理，也包含了更广泛的内容，它不但要求有健康的养殖产品，以保证人类食品安全，而且养殖生态环境应符合养殖品种的生态学要求。养殖的品种应保持相对稳定的种质特性。发展我国的集约式养殖、健康养殖技术和管理，已是我国畜牧业实现现代化的必然产物。国内一些科研院校已开展了一系列科学研究工作，如在营养与基因表达、肉质关键基因组定位、动物生长轴的个体发育和营养调控、动物应激监测、动物产品中有毒有害成分的快速监测方法、动物营养诊断与配方远程技术、我国动物微量元素盈缺规律地理信息系统框架的构建、动物病原菌耐药性检测控制技术等方面都取得了重要进展。为推进动物健康养殖积累了重要的技术基础。

四、国外健康养殖技术发展趋势

健康养殖关键技术研究已成为与产业发展具有强劲互动作用的重要技术领域，是当前养殖业科技活动中最为核心和活跃的研究领域。为了满足安全、优质和高效动物产品生产的技术需求，20世纪 90 年代以来，动物营养代谢及其调控，动物产品安全生产及其检测技术，动物应激及其福利，动物环境控制及其饲养技术，动物排泄物无害化增值处理方法研究、技术开发和标准制定，一直是国际动物科学研究的最核心内容之一。并在国际绿色和平组织、动物福利组织等社团组织和各国行业协会、政府部门的推动下通过立法、制定标准等手段直接约束养殖业生产和养殖业产品的国际贸易。健康养殖关键技术的研究和标准制定已成为当前世界各国实施养殖业绿色技术壁垒的最直接和有效的手段。例如，欧盟饲用抗生素使用禁令的颁布，京都议定书中对各发达国家反刍动物饲养量的限制，荷兰等一些发达国家对养殖场排污颁布苛刻的法令限制等。

采取多学科集成和交叉研究，并以提高动物产品质量和安全、提高动物福利、减少养殖业公害为主线的健康养殖业生产是一项系统工程。任何一项措施的作用效果，都会在时空上受制于其他要素因子的影响。动物育种、营养和饲料、饲养环境和工艺、检测技术是集约化生产条件下实现健康生产的一组密不可分的矛盾方面。为此，自 20 世纪 90 年代后期以来，将动物育种，营养和饲料、畜禽应激、环境调控技术有机地结合起来进行综合研究，已成为该学科领域发展的主要特点。如美国农业部农业研究司 1999 年起资助“动物福利和应激控制系统”项目对动物福利进行研究，设置了 11 个方面的研究课题，包括牛、猪和鸡福利的衡量指标、动物的适应性（研究遗传和环境对生产性能的影响）、群体行为、环境应激及环境管理决策支持系统等研究内容，正确和科学地认识环境应激及其程度，并研究出适当的处理措施，减少环境应激带来的巨大经济损失。该研究能为生产体系的合理设计提供数据库和科学的理论基础，同时对现有的管理措施进行评价、检验和完善，旨在减少环境应激，提高动物福利，增强畜禽产品的国际竞争力和促进畜牧业的可持续发展。日本从 20 世纪 80 年代初期就建立自动化程度高的人工气候舱对家禽的有效温度模型进行研究，旨在为家禽提供舒适的饲养环境，取得了一些成果。美国肉用动物研究中心环境实验室 1982 年就开始对奶牛在高温环境下的生理指标和行为参数（如体温、呼吸频率和采食量）的变化进行监测，并以此为基础研究开发出决策系统和完善管理措施。美国和荷兰已相继开发出畜禽环境应激预警模型，如美国的 SHOAT 模型和荷兰的畜禽舒适环境模型。

数字化、标准化程度高，大大加速了本领域科技成果的产业化速度；健康养殖动物营养代谢与调控研究是针对性、实践性非常强的应用基础研究，因此也是需求拉动性很强的研究领域。同时，这些研究成果会迅速转化成动物生产和产品贸易中的法律、法规和标准。

随着经济全球化的深入推进和我国加入世贸组织，配额、许可证等直接限制性的关税贸易壁垒逐渐减弱，“绿色壁垒”等“合法”的贸易壁垒已经逐渐成为一些国家尤其是发达国家实施贸易壁垒的重要形式。继绿色壁垒之后，近年来一些国家又将动物福利作为动物产品进口的新标准，以此作为它们市场准入的重要条件。因此，近年来因动物福利问题而遭遇贸易壁垒的案例时有发生，“动物福利”正逐渐成为贸易壁垒的新动向，成为畜牧产品、水产品等国际贸易中的一道新的壁垒。动物福利（Animal Welfare），在30 多年前，一些西欧国家就提出了这一概念。到了 1990 年，我国台湾学者夏良宙从对待动物的角度，概括了动物福利的基本含义，即“善待活着的动物，减少动物死亡的痛苦”。动物福利的提出是一种观念的进步，它是基于保护动物的尊严及其内在价值的考虑，体现了人类的情感，是人类进步的表现。同时，它也是基于人类健康的考虑，在饲养、运输、屠宰等过程中注重动物福利能提高动物的生产性能，提升其自然品质，保证人类的食用安全。研究证明，动物长期生活在痛苦、恐惧之中，体内会分泌出一种毒素，对食用者身体造成危害。不仅如此，动物福利更是基于本国的贸易利益的考虑，世界上有 100 多个国家有关于动物福利方面的立法，不但在动物饲养、运输和屠宰过程中，要求执行动物福利标准，而且对于进口的动物产品也要求符合动物福利法规方面的技术指标，构建了各自的“进口门槛”——动物福利壁垒。实施动物福利也能有效地提高畜牧业的生产力。善待动物并为其提供舒适的生存环境，投喂营养全面的日粮，能减少个体间的争斗，保持动物的健康和活力，增加采食量，提高饲料转化率、动物存活率和生长速率，从而大大提高畜禽生产力。

总之，我国健康养殖业迫切需要在优质和抗逆奶牛新品种选育、优质无公害饲养、疾病防控、高效繁殖、环境控制、共用数据平台和决策支持系统研究等一系列健康养殖关键技术方面取得突破，形成健康养殖先进的技术体系。推进奶牛健康高效养殖，实现奶产品的安全、优质、高效、无公害健康生产，是奶牛业发展的方向。

第二章 奶牛的健康与保健

一、奶牛的健康及其影响因素

(一)奶牛健康的概念及意义

奶牛健康是指牛只生理功能正常,没有疾病和遗传缺陷,能发挥正常的生产能力。其现实意义在于以下几方面。

第一,保持奶牛健康能有效地保持奶牛的生产能力,有助于把奶牛生产力提高到最佳水平,为生产者提供较高的经济效益。

第二,母牛的健康状况直接影响到母牛群的繁殖力。当母牛患生殖疾病时,如子宫与卵巢疾病,常常会影响受胎率。

第三,奶牛的健康状况直接影响到奶牛的生产性能和利用年限。奶牛健康,生产性能好,利用年限长;反之,利用年限短,经济价值低。

第四,某些牛传染病是人兽共患的。因此,保持奶牛的健康对于确保奶牛产品卫生和保障人的健康具有十分重要的意义。

(二)影响奶牛健康的因素

1. 饲养管理因素 因饲养技术水平低引起的疾病很常见,在生产上常表现在以下几个方面。

(1)生产计划性与牛的分群、分阶段饲养 管理水平差的奶牛场,不按牛的品种、性别、年龄、强弱等分群饲养,不同泌乳阶段的奶牛不分阶段饲养。饲料不能统一安排和长远计划,贮备不足,随意改动和突然变换饲料,使牛瘤胃内环境经常处于变化状态,不利于微生物的高效繁殖和连续性发酵，常引发瘤胃积食、瘤胃弛缓等胃肠病和营养代谢病。

(2)营养与饲养水平　奶牛的养殖需要针对不同的生产目标或不同的生理阶段，确定出相应的饲养标准，然后根据饲养标准确定日粮的营养水平和精、粗饲料比例。这一过程是一个动态的平衡过程，可适当调整。不可为了片面追求增重、产量而使精、粗饲料比例失调，导致瘤胃酸中毒、酮病等。

(3)环境卫生与水的供应　建设奶牛场的目的是为奶牛创造适宜的生长环境，为生产提供方便的条件。设计合理的奶牛场，除应具备各种生产功能外，还应具备良好的卫生环境，以利于杜绝各种疾病的发生与传播。牛舍要阳光充足，通风良好。牛舍阴暗潮湿，运动场泥泞，牛只拥挤，粪便堆积，易引发多种呼吸道疾病和蹄病、皮肤病。奶牛每天都需要大量的饮水，每摄取 1 千克干物质需水 3～5 升，每分泌 1 升奶需水 4 升。因此，凡有条件的奶牛场，都应设置自动饮水装置，以保证充足的饮水量和饮用水的清洁无污染，保证牛体正常代谢，维持牛的健康。

(4)定期驱虫　驱虫对于增强牛群体质，预防或减少寄生虫病和传染病的发生，具有十分重要的意义。一般每年春秋两季各进行 1 次全群驱虫。驱虫前应检查虫卵，弄清牛群内寄生虫的种类和危害程度，有的放矢地选择驱虫药。如不定期驱虫，会使牛群消瘦，影响牛生长发育，使生产性能下降，严重的会暴发寄生虫病。

(5)消毒防疫制度　在传染病和寄生虫病的防疫措施中，通过消毒杀灭病原菌，是预防和控制疫病的重要手段。另外，有计划地给健康牛群进行预防接种，可以有效地抵抗相应的传染病侵害。若不严格消毒并采取相应的防疫措施，造成疫病流行，会导致重大经济损失，甚至直接威胁人的身体健康。对此，应有足够的认识。

2. 应激　应激(stress)因素是指牛体受到环境中的不良因素刺激所产生的应答反应，是机体对环境的适应性表现。

环境应激一般会改变奶牛的生产性能，降低对疾病的抵抗力，故可增加疾病出现的几率及严重性。Kelly 提出了 8 种应激原：冷、热、拥挤、混群、断奶、限制采食、噪声和保定，它们在改变家畜的抗感染能力方面起着重要作用。在临床表现上，应激症状有以下几种类型。

(1)猝死性应激综合征　猝死性应激综合征的患牛，食欲和精神正常，在很短时间内突然死亡，如急性瘤胃酸中毒。

(2)急性应激综合征　急性应激综合征多由营养缺乏、饲养管理不当或神经紧张等原因引起，如牛的胃溃疡。

(3)慢性应激综合征　慢性应激综合征的应激原作用强度微弱，但持续时间较长，反复出现。如新鲜牛奶的酒精阳性反应即可能是牛慢性应激导致的。

在生产上，应特别重视热应激对奶牛健康和生产性能的影响，因为热应激不但使奶牛代谢功能异常，且使其对疾病的抵抗力下降，从而易感染疾病。采取的防暑降温措施有淋浴、通风、绿化、改善牛舍与牧场环境等。

二、牛群的保健计划

奶牛的疾病常使奶牛场蒙受巨大的经济损失，增加生产成本。因此，在奶牛场提高生产效率的计划中，牛群保健计划应占有十分重要的位置。牛群保健计划的核心是以防为主，防重于治。实施有效的保健计划，可大幅度降低各种疾病的发生率，提高产品的产量和质量，减少疾病因素给奶牛场造成的经济损失。虽然治疗对于挽救个体病牛来说是至关重要的，但对于挽救整个奶牛场生产来说，预防则更为重要，因为治疗仅是各种生产损失已经发生以后的补救性措施，是不得已而为之的手段，是被动地降低疾病造成损失的方法。在奶牛场的经营中，要想最大限度地降低因疾病造成的损失，就必须有一个切合实际的牛群保健计划，并确保在生产中实施。

制定牛群保健计划的主要目的，是避免能引起重大经济损失疾病的发生。不同规模奶牛场的管理、设备、技术水平和环境条件各不相同。因此，牛群保健计划方案，要根据各个牛场实际情况需要而定，且应随条件的变化不断修改。牛群保健计划的范围很广，从常规的防疫注射、消毒，到牛群的疾病监控、监测、治疗，都属于此类。下列各条是奶牛保健的基本要求和奶牛场牛群保健提纲，可供制定具体的保健计划时参考。

（一）牛保健的基本要求

第一，保持牛舍内、运动场及其环境清洁卫生，定期消毒。设置足够的运动场地，并能使牛群达到足够的运动量。

第二，坚持自繁自养，尽量不购进外来牛。若必须购进则需经严格检查，并经一段时间的隔离饲养。

第三，了解当地牛的发病情况，提前预防。日常管理时注意观察牛个体，及早发现病牛并进行及时治疗。

第四，牛日粮应以青粗料为主，精料为辅，多种饲料配合。饲喂高精料日粮时注意防止酸中毒。勿使牛接触到不该吃的有毒有害物质。饲喂时注意对饲料中的铁钉、针等尖锐金属物的清除。

第五，在助产、人工授精、阴道检查时，进入生殖道的物品和器具要严格清洗消毒。

（二）牛群保健提纲

下列为奶牛保健及免疫计划，供参考。

1. 犊牛 主要任务是提高犊牛成活率，并确保犊牛正常生长发育，体格健壮。重点预防犊牛腹泻和犊牛肺炎。主要措施为：全程保持牛舍温暖，清洁干燥，防止贼风；注意哺乳卫生，定时、定量、定奶温;运动场地宽敞,让犊牛运动充足。

(1)出生时　及时清除犊牛口、鼻、体躯黏液;在距腹部 10 厘米处剪断脐带,断端用 7%碘酊消毒;至少在犊牛出生后 1 小时内饲喂初乳。

(2)出生第一周　去角,切除副乳头,非种用公牛去势。

(3)2 月龄时　接种布氏杆菌病疫苗(仅限于母犊)。接种牛传染性鼻气管炎、牛病毒性腹泻、钩端螺旋体三联苗。

(4)6 月龄时　接种气肿疽、恶性卡他热疫苗。

2. 青年母牛　主要任务是确保育成牛正常生长发育,体况健壮的牛在 15 月龄时可达到初配的体况要求;进行疫病预防接种。

(1)15～17 月龄时　若母牛体重已达 340 千克,即可配种。

(2)24 月龄时　加强运动,增加营养,确保母牛和胎儿正常发育直至产犊。从妊娠的中后期开始至产前 3～4 周,每天进行 2～3 次乳房按摩,刺激乳房发育。

3. 初产母牛和经产母牛　主要任务是防止产科疾病的发生,降低产科损失。重点预防母牛生殖道炎症、生产瘫痪、乳房炎、酮病等疾病,确保母牛高产。及时配种和妊娠诊断,防止空怀。

(1)接产　临产时将牛转入产房,专人 24 小时值班,分娩时及时助产。每次挤奶后,乳头用消毒药水浸泡。

(2)产后 5～7 天　及早恢复母牛体况,消除乳房水肿。

(3)分娩后 30 天　生殖器官检查,接种钩端螺旋体疫苗。

(4)分娩后 45～60 天　配种。

(5)配种后 40～60 天　妊娠检查。

(6)干奶时　乳腺内进行干奶药物注入。

三、奶牛生产中常见的消毒问题

近年来,随着奶牛业的发展,人们对奶牛疾病的预防工作越来越重视。但有些奶牛养殖户对日常的消毒工作存在错误的理解，缺乏科学的指导方法。常见问题主要表现在以下几个方面。

(一)不按消毒程序消毒

养牛小区的消毒不可随心所欲，应当按一定程序进行。应选择对人、牛和环境安全、无残留毒性、对设备没有破坏性和在牛体内不产生有害积累的消毒剂。要针对不同的消毒对象采用不同的消毒剂并采取不同的消毒方法，如牛舍、牛场道路、车辆可用次氯酸盐、新洁尔灭等消毒液进行喷雾消毒；用热碱水(70℃～75℃)清洗挤奶机器管道。尤其注意对牛体消毒，在挤奶、助产、配种、注射治疗等操作前，操作人员应先进行消毒，同时对牛乳房、乳头、阴道口等进行消毒，防止感染乳房炎、子宫内膜炎等疾病，保证牛体健康。不能长时间用同一性质消毒剂，以免产生抗药性。

(二)对饮水消毒理解错误

饮水消毒实际是对饮用水的消毒，奶牛饮的水是经过消毒的水，而不是饮用消毒药水。饮水消毒就是把饮水中的微生物杀灭。很多消毒药物，说明书称其“高效、广谱，对人畜无害”，能 100%杀灭某病菌、某病毒，用于饮水或拌料内服，在 1～3 天可杀灭某病毒等，存在着不实的宣传，误导了消毒者。在临床上常用的饮水消毒剂为氯制剂、季铵盐类和碘制剂。在饮水消毒时，如果药物的剂量掌握不好或对饮水量估计不准，可能会使水中的消毒药物浓度加大，若长期饮用，除可能引起急性中毒外，还可能杀灭或抑制奶牛胃、肠道内的正常菌群，使奶牛的正常消化出现紊乱，对奶牛的健康造成危害。

(三)误认为牛石灰能消毒

从市场上购买的生石灰是氧化钙，它本身没有消毒作用，而只有加入相当于生石灰重量80%～100%的水时，生成熟石灰，离解出氢氧根离子后才有杀菌作用。熟石灰是一种消毒力好、无污染、无特殊气味、廉价易得、使用方便的消毒药。有的奶牛场在消毒池中放置厚厚的干石灰粉，让人踩车碾，这样起不到消毒作用；有的直接将干生石灰面撒在道路和运动场，致使石灰粉尘飞扬，被奶牛吸入呼吸道，人为地诱发呼吸道炎症；有的用放置时间过久的熟石灰作消毒用，也起不到消毒效果，由于熟石灰已经吸收了空气中的二氧化碳，变成碳酸钙，没有了氢氧根离子，完全丧失了消毒杀菌作用。使用石灰最好的消毒方法是配制成10%～20%的石灰乳，用于涂刷牛舍墙壁，既可灭菌消毒，又可起到美化环境的作用。在消毒池内要经常补充水，添加生石灰。

(四)消毒前不做机械性清除

奶牛场在消毒前往往忽视对牛舍、运动场内牛粪、饲料残渣等有机物的清除。要充分发挥消毒药物作用，必须使药物与病原微生物直接接触。这些有机物中存有大量细菌，同时消毒药物与有机物的蛋白质有不同程度的亲和力，可结合成为不溶于水的化合物，消毒药物被大量的有机物所消耗，妨碍药物作用的发挥，大大降低了药物对病原微生物的杀灭作用，需要消耗大剂量的消毒药物。因此，彻底地机械性清除牛场内有机物是高效消毒的前提。

(五)挤奶时不能做到一牛一消毒

规模化奶牛养殖小区实行统一挤奶，此时往往会造成奶牛疾病的传播。由于挤奶时间比较紧张，在挤奶过程中，对挤奶器奶杯不能很好地做到一牛一消毒，往往只对奶牛乳房进行简单冲洗。这样就会造成乳房炎等传染病的传播，最好的办法是在奶牛挤奶前对牛体刷拭、乳房冲洗消毒、乳头药浴；挤奶器奶杯要一牛一消毒，避免交叉感染。

四、搞好奶牛舍和奶牛体卫生

(一)抓好牛舍卫生

养好奶牛必须搞好牛舍卫生。

1. 消除粪污 及时清除牛舍内外、运动场上的粪便及其他污物,保持不积水、干燥。清除出去的粪便要及时发酵处理。

2. 通风换气 奶牛舍中的空气含有氨气、硫化氢、二氧化碳等,如果浓度过大、作用时间长,会使牛体体质变差,抵抗力降低,发病率升高等。所以,应安装通风换气设备,及时排出污浊空气,不断进入新鲜空气。

3. 刷洗饲槽,牛床 每次奶牛下槽后,饲槽、牛床一定要刷洗干净。

4. 控制牛舍粉尘 牛舍内的尘埃和微生物主要来源于饲喂过程中的饲料分发、采食、活动、清洁卫生等,因此饲养员应做好日常工作。

5. 绿化环境 种树、种草(花),改善场(区)小气候。绿化环境,还可以营造适宜温度(奶牛适宜的温度为5℃～10℃)、湿度(奶牛适宜的相对湿度为50％～70％)、气流(风)、光照(采光系数为1∶12)等环境条件。夏季枝繁叶茂,可遮阳、吸热,使气温降低提高相对湿度。

6. 降低噪声 奶牛对突然而来的噪声最为敏感。有报道,当噪声达到110～115分贝时,奶牛的产奶量下降10％～30％;同时会引起惊群、早产、流产等症状。所以,奶牛场选择场址时应尽量选在无噪声或噪声较小的场所。

7. 防暑防寒 夏季特别要搞好防暑降温工作,牛舍应安装换气扇,牛舍周围及运动场上,应种树遮荫或搭凉棚。夏季还应适当喂给青绿多汁饲料，增加饮水，同时消灭蚊、蝇。冬季牛舍注意防风，保持干燥。不能给牛饮冰碴水，水温最好保持在12℃以上。

8. 严格消毒制度　门口设消毒室(池)，室内装紫外灯，池内置2%～3%氢氧化钠液或0.2%～0.4%过氧乙酸等药物。同时，工作人员进入场区(生产区)必须更换衣服、鞋帽。对带有肉食品或患有传染病的人员不准进入场区。

(二)做好牛体卫生

经常保持牛体卫生清洁是非常重要的。

1. 严格防疫、检疫和其他兽医卫生管理制度　对患有结核、布氏杆菌病等传染性疾病的奶牛，应及时隔离并尽快确诊，同时对病牛的分泌物、粪便、剩余饲料、褥草及剖析的病变部分等焚烧深埋无害化处理。另外，每年春、秋季各进行1次全牛群驱虫，对肝片吸虫病多发的地区，每年可进行3次驱虫。

2. 刷拭　刷拭牛体时，饲养员先站在左侧用毛刷由颈部开始，从前向后，从上到下依次刷拭，中后躯刷完后再刷头部、四肢和尾部，然后再刷右侧，每次3～5分钟。刷拭宜在挤奶前30分钟进行，否则由于尘土飞扬污染牛奶。刷下的牛毛应收集起来，以免牛舔食，而影响牛的消化。有试验资料表明，经常刷拭牛体可提高产奶量3%～5%。

3. 修蹄　在舍饲条件下奶牛活动量小，蹄子长得快，易引起肢蹄病或肢蹄患病引起关节炎，而且奶牛长蹄匣会划破乳房，造成乳房损伤及其他感染疾病(特别是围产前后期)。因此，经常保持蹄壁周围及蹄叉清洁无污物。修蹄一般在每年春秋两季定期进行。

4. 铺垫褥草　牛床上应铺碎而柔软的褥草如麦秸、稻草等，并每天进行铺换。为保持牛体卫生还应清洗乳房和牛体上的粪便污垢，夏天每天应进行1次水浴或淋浴。

5. 运动 奶牛每天必须保持2～3小时的自由活动或驱赶运动。

五、奶牛场的卫生防疫与保健措施

牛病种类很多，包括传染病、寄生虫病、普通病（内科病、外科病、产科病）、中毒性疾病和营养代谢性疾病等。对奶牛生产影响最大的疾病主要是不孕症、乳房炎、肢蹄病、子宫内膜炎和营养代谢性疾病。这些疾病严重影响奶牛业的发展，造成的经济损失较大。为了预防和消灭牛的疫病，促进养牛业的发展，保障人的身体健康，必须坚决贯彻国务院《家畜家禽防疫条例》，坚持预防为主的方针，使饲养管理科学化，防疫卫生制度化、经常化，以提高科学养牛水平。

（一）传染病的防控

1. 日常预防措施

（1）牛场应建围墙和防疫沟 生产区和生活区分开，生产区门口设置消毒室（内有紫外线等消毒设施）和消毒池，消毒池内放置2%～3%氢氧化钠液或0.2%～0.5%过氧乙酸等药物，药物定期更换以保持有效浓度。

（2）严格控制非生产人员进入生产区 如有必要经同意后，应更换工作服、鞋、帽，经消毒后方能进入。不准携带动物、畜产品、自行车等进场。

（3）牛场工人应保持个人卫生 上班应穿清洁工作服、戴工作帽，及时修剪指甲。每年至少进行1次体格健康检查，凡检出有结核、布氏杆菌病者，应及时调离牛场。

（4）生产区管理 不准解剖尸体，不准养猫、狗及家禽等，定期灭蚊、蝇和鼠。

(5)经常保持牛场环境卫生　运动场无石头、砖块及积水;牛床、运动场每天清扫,粪便及时清除出场经堆积发酵处理;每年春、秋对全场(饲槽、牛床、运动场)进行大消毒;尸体、胎衣应深埋。

(6)防暑、防寒　夏季做好防暑降温工作,冬季做好防寒保暖工作。

(7)新引进的牛一定要从非疫区购置　购买前需经当地兽医部门检疫,签发检疫证明书。对购入的牛进行全身消毒和驱虫后,方可引入场内。进场后,仍应隔离于200～300米以外的地方,继续观察1个月,进一步确认健康后,再并群饲养。检疫可按国家颁发的《家畜家禽防疫条例》中有关规定执行。

(8)免疫接种　每年春季进行1次Ⅱ号无毒炭疽芽胞苗免疫接种。在受口蹄疫威胁及常发生牛流行热的地区,可接种口蹄疫苗和牛流行热疫苗。

(9)结核病检疫　采用结核菌素试验,按照农业部颁发的《动物检疫操作规程》规定进行,每年春、秋各1次。可疑牛经2个月后用同样方法在原部位进行重新试验。检验时,在颈部另一侧同时注射禽型菌素做对比试验,以区别出是否是结核牛。两次检验都呈可疑反应者,判为结核阳性牛。凡检验出的阳性结核牛,一律淘汰。

(10)布氏杆菌病检疫　每年春季进行,按《动物检疫操作规程》的规定执行。先经虎红平板凝集初筛,试验阳性者进行试管凝集试验,出现阳性凝集者判为阳性,出现可疑者,经3～4周,重新采血检验,如仍为可疑反应,应判为阳性。凡阳性反应牛只,一律淘汰。

2. 传染病的预防接种和注意事项

(1)奶牛常见的传染病　结核病、布氏杆菌病已为奶牛场所普遍了解和重视,为控制其发生和传播,我国养牛界已总结出净化“两病”的有效措施。

随着奶牛业生产的发展，从国外频繁引进奶牛，伴随而来的是牛群发生了一些新的传染病，如牛传染性鼻气管炎（IBR）、牛病毒性腹泻（黏膜病）等将会在一定程度上影响奶牛生产，为此，应予以重视。

（2）预防接种　预防接种能提高家畜对传染病的抵抗力，是消灭家畜传染病的有力措施之一。当前主要传染病的免疫有以下几种。

①口蹄疫　在可能流行口蹄疫的地区、国境地带，每年春、秋两季采用同型的口蹄疫弱毒疫苗接种1次，1～2岁牛1毫升，2岁以上牛2毫升，肌内或皮下注射（也可交巢穴注射）。注射后14天产生免疫力，免疫期4～6个月。本疫苗残余毒力较强，能引起一些幼牛发病，因此1岁以下的小牛不接种。

②布氏杆菌病　在布氏杆菌病常发生的地区，每年要定期对检疫阴性的牛进行预防接种。有4种疫苗：一是流产布氏杆菌19号弱毒疫苗，用于处女牛，即6～8月龄时免疫1次，必要时在受胎前加强免疫1次，每次颈部皮下注射5毫升（含600亿～800亿个活菌）。免疫期达7年。二是布氏杆菌羊型5号冻干弱毒疫苗，用于3～8月龄的犊牛，可皮下注射（含菌500亿个/头），免疫期1年。以上两种疫苗，公牛、成年母牛和妊娠牛均不宜使用。三是布氏杆菌猪型2号冻干弱毒疫苗，公、母牛均可使用，妊娠牛不宜使用，以免引起流产。可供皮下注射和口服接种，皮下注射和口服时含菌数为500亿个/头，免疫期2年以上。四是牛型布氏杆菌45/20佐剂疫苗，不论年龄、妊娠与否皆可注射，接种2次，第一次注射后6～12周时再注射1次。

③炭疽　经常发生炭疽和受该病威胁地区的牛，每年春、秋季应做炭疽疫苗预防接种1次。炭疽疫苗有3种，使用时任选1种。

无毒炭疽芽胞苗：1岁以上的牛皮下注射1毫升，1岁以下的

0.5毫升。

第二号炭疽芽胞苗：大、小牛一律皮下注射1毫升。

炭疽芽胞氢氧化铝佐剂苗或称浓缩炭疽芽胞苗：为上两种芽胞苗的10倍浓缩制品，使用时1份浓缩苗加9份20%氢氧化铝胶稀释后，按无毒炭疽芽胞苗或第二号炭疽芽胞苗的用法、用量使用。以上各苗均在接种后14天产生免疫力，免疫期1年。

④牛传染性鼻气管炎　4～6月龄犊牛接种；空怀青年母牛在第一次配种前40～60天接种；妊娠母牛在分娩后30天接种。母牛已注射过该疫苗的牛场，对4月龄以下的犊牛，不接种任何疫苗。

⑤牛病毒性腹泻　牛病毒性腹泻灭活苗，任何时候都可以使用，妊娠母牛也可以使用，第一次注射后14天再注射1次；牛病毒性腹泻弱毒疫苗，1～6月龄犊牛接种，空怀青年母牛在第一次配种前40～60天接种，妊娠母牛在分娩后30天接种。

(3)接种注意事项　一是生物制品的保存和使用按说明书规定；二是接种时使用的注射器、针头及注射部位严格消毒；三是生物制品不能混合使用，不能使用过期疫苗；四是装过生物制品的空瓶和当天未用完的生物制品，应焚烧或深埋(至少埋46厘米深)处理，焚烧前应撬开瓶塞，用高浓度的漂白粉溶液进行冲洗；五是接种疫苗后2～3周注意观察接种牛，如接种部位出现局部肿胀、体温升高，一般不做处理，如果反应持续时间过长，全身症状明显，应请兽医诊治；六是建立好免疫接种档案。

(4)疫情报告　当接到家畜突然死亡或有一些家畜同时发病的通知后，兽医人员必须立即到现场，深入调查，确定病性。若发生烈性及危害大的传染病，如口蹄疫等，则要及时逐级上报疫情，并要充分发动群众报告疫情。

3. 发现病牛时应采取的措施

第一，发现疑似传染病时，应立即隔离，尽快确诊，并迅速报告。必要时应转告友邻。病原不明或自己不能确诊时,应组织专家会诊或将病料送检。

第二,确诊为传染病时,应迅速采取措施。对病牛和疑似病牛的分泌物、排泄物及污染的场地、圈舍、用具、饲养人员的衣服及鞋帽等都要进行彻底消毒,做到随污染随消毒,而且要多次反复进行。传染病扑灭后及疫区(点)解除封锁前,必须进行终末大消毒,以彻底消灭病原体。消毒时,先将牛舍、运动场内的粪尿污物清扫干净,或铲去表层土壤,甚至有的地板要掀开,再喷洒消毒药液。栏舍消毒常用10%～20%新鲜石灰乳、5%～10%漂白粉、2%～4%氢氧化钠溶液、20%草木灰水、2%～4%福尔马林溶液、5%来苏儿溶液,或1∶300菌毒敌溶液,或1∶200消毒灵溶液。对抵抗力极强的病毒、芽胞菌污染的粪便必须烧毁。一般病牛粪便可利用自身发酵产生热量杀灭病原体及寄生虫卵,也可采用堆积泥封发酵或投入沼气中发酵的办法处理。死亡、扑杀和急宰病牛的尸体必须按照部颁规程分别进行高温、深埋(2米以下,要防狼、犬等掘食),远离人畜房舍、水源,烧毁(适用于炭疽)等无害化处理。治疗、护理、隔离病牛。立即对全群牛进行检疫,病牛隔离治疗或淘汰屠宰,对健康牛进行紧急预防接种,或进行药物预防。

第三,被病牛和可疑病牛污染的场地、用具、工作服及其他污染物彻底消毒,吃剩的草料及粪便、垫草应烧毁。

(二)寄生虫病的防治

寄生虫病对奶牛的危害性因地区和季节的不同而有所不同,因此,必须在认真调查疫情的基础上,拟定出最适合于当地牛群预防和驱虫的防治规划。

1. 重视放牧和饲料卫生管理 一是严禁夏季在疫区有蜱的小丛林放牧和有钉螺的河流中下游饮水,以免感染焦虫病和血吸虫病;二是严禁收购肝片吸虫病流行疫区的水生饲料(如水花生)

作为牛的粗饲料。

2. 定期检查防疫工作　一是夏、秋季各进行1次检查疥癣、虱子等体外寄生虫的工作；二是6～9月份，在流行焦虫病的疫区要定期进行牛群体表检查，重点做好灭蜱工作；三是根据肝片吸虫的发病规律，定期进行计划性驱虫，9月份停喂青草，12月份药物驱虫有效，严重感染区，可再在翌年的6月份增加1次驱虫；四是春季对犊牛群进行球虫的普查工作，发现病牛要及时驱虫。

(三)乳房的卫生保健

1. 挤奶卫生管理　主要包括以下几方面。

第一，挤奶人员应保持相对固定。

第二，挤奶前将牛体刷拭干净，牛床清理打扫，保持牛舍干净。

第三，挤奶前，挤奶员双手要清洗干净，有疫情时，要用0.1%过氧乙酸溶液洗涤。挤奶前后将奶桶和挤奶机清洗消毒：用温水毛巾擦洗奶桶，洗去残留乳汁；用0.02%次氯酸钠(安替福民)消毒液对奶桶进行消毒，用开水刷洗奶桶，洗去残留消毒液；挤奶前用0.02%次氯酸钠消毒热水对挤奶机的奶杯、奶管、奶桶进行消毒，消毒后再用开水冲洗1遍。每头牛固定1条毛巾，乳房洗涤后用干净毛巾擦干。

第四，乳头药浴，即挤奶前用消毒药液(如0.5%碘伏)浸泡乳头，然后停留数秒钟，再用纸擦干。挤奶时废弃每一乳头的最初1～2把奶，收集到专门的容器内，集中处理；挤奶后乳头药浴，及时使消毒液附着在乳头上形成一层保护膜，可以降低乳房炎的发生率。

第五，乳房洗净后应按摩使其膨胀。手工挤奶采用拳握式，开始用力宜轻，逐渐加快速度，每分钟挤压80～100次；机器挤奶时，真空压力应控制在46.57～50.6千帕，脉动控制在60～80次/分，要防止空挤。

第六，先挤健康牛，后挤病牛。患乳房炎牛，要用手挤，不能机挤。

第七，挤奶机每次用后均应清洗消毒，每周用氢氧化钠溶液消毒1次(0.25%溶液煮沸15分钟或5%溶液浸泡后干燥备用，用前注意要洗净消毒液)。

另外，由挤奶桶倒入贮奶箱的牛奶要用消毒过的2～3层纱布过滤；异常奶不得混入鲜奶中；注射抗生素后所产的奶严禁混入鲜奶中；患有乳房炎牛所产牛奶(呈絮状、脓样、稀薄如水样等)不得混入鲜奶中；变了色的奶(血奶、黄色奶及灰白色奶)不得混入鲜奶中；产后7天内的初乳不得混入鲜奶中。

2. 乳房炎的监测与控制 主要做好以下几方面的工作。

第一，每天检查乳房，如发现损伤要及时治疗。

第二，临床型乳房炎要在兽医的监督下给予及时治疗，对有可能传播的重病牛立即隔离。

第三，每年3、6、9、11月份对产奶牛进行隐性乳房炎的监测，如"＋＋"以上的阳性乳区超过15%时，应对牛群及各个挤奶环节全面检查，找出原因，制定相应的解决措施。

第四，反复发病(1年5次以上)，长期不愈，产奶量低的慢性乳房炎病牛，以及某些特异病菌引起的耐药性强、医治无效的病牛要及时淘汰。

第五，干奶前10天内进行隐性乳房炎的监测工作，对"＋＋"以上阳性反应牛要及时治疗；阴性反应时方可干奶。

第六，干奶后1周及产犊前1周，每天坚持用广谱杀菌剂对乳头浸泡或喷雾乳头数秒钟。奶牛停奶时，每个乳区注射1次抗菌药物。

(四)蹄部的卫生保健

1. 清洗蹄部 经常清除趾(指)间污物，冬天用干刷，夏天则进行蹄部清洗，使之保持清洁卫生。

2. 检蹄、修蹄　每年春、秋季各检查和修蹄1次。对患有肢蹄病的牛要及时治疗。

3. 蹄部消毒　每年蹄病高发季节，每周用5%硫酸铜溶液喷洒蹄部2～3次，以降低蹄病的发生率。

4. 牛舍和运动场的地面要整洁、干燥　应保持牛舍和运动场地面平整、干净、干燥，粪便及时清扫，污水及时排除。严禁用炉灰渣或碎石子垫运动场或奶牛走道。

5. 经常检查奶牛日粮中营养平衡状况和蹄病发生情况　如发现奶牛日粮中营养平衡有问题要及时调整，尤其是蹄病发病率达15%以上时更要引起重视。

(五)代谢病的监控

1. 每年定期抽查血样　每年应对干奶牛、高产牛进行2～4次血样抽样30～50头检查，检查项目：血细胞数、红细胞压积(PVC)、血红蛋白、血糖、血磷、血钙、血钠、血酮体、总蛋白、白蛋白等。

2. 尿pH值和酮体测定　产前1周至分娩后的2个月内，隔日测定尿pH值和酮体1次。凡测出阳性或可疑反应的牛只要及时治疗，可立即采取葡萄糖、碳酸氢钠及其他的治疗措施。

3. 日粮配方调整　对高产、年老、体弱及食欲不振的牛要及时调整日粮配方，经临床检查未发现异常者，产前1周可用糖钙疗法：25%葡萄糖注射液、20%葡萄糖酸钙注射液各500毫升，一次静脉注射，每天1次，连续2～3天，以预防产后瘫痪。高产奶牛群在泌乳高峰期，应在精饲料中适当加喂碳酸氢钠、氧化镁等添加剂。

六、病、健牛的临床区别

(一)食　欲

健康牛食欲旺盛,见到精饲料大口吞咽,很快吃完,并以舌头舔饲槽,发出刷刷声音。病牛则食欲减退或消失,如对饲料不争食、有剩料或拒食,即是患病的表现。健康牛采食20～60分钟后,出现反刍,每次持续30～60分钟,每1个食团咀嚼50～60次。昼夜内反刍8～10次。正常牛每小时嗳气17～20次。反刍障碍程度与疾病严重程度成正比。

(二)眼

健康牛双目灵活有神,眼球表面湿润明亮。病牛两眼呆滞无神,向远方凝视。眼寄生虫或身体不健康时常有眼眵。当眼球迅速下陷时,是严重疾病的表现。

(三)鼻

健康牛鼻镜湿润,表面常附着清洁的小汗珠。不健康牛鼻镜干燥,常常附着污物,持续高热时鼻镜有细细的裂纹。病牛有时流出黏液性或脓性鼻涕,有时有恶臭。

(四)耳

健康牛两耳敏感灵活。不健康牛两耳动作迟钝、下垂,用手摸耳根部,感到灼热或冰冷时,应引起注意。耳根与耳尖,温差明显者,说明牛体温上升。

(五)口

健康牛黏膜湿润,口唇边常挂着少量丝状唾液。不健康牛干燥或有大量唾液外流。看反刍,最初吃草料时,是匆匆吞入,休息时再把吞入的草料返回到口中,细细咀嚼,再咽下去,一般上、下午各 2～3 次,晚间 3～4 次反复进行。当牛半天不见反刍或每个食团咀嚼不到 30 次者,就应引起注意。

(六)营养状况

健康牛毛色光亮,皮肤柔软而富有弹性,一般牛膘情 7～7.5 成,重胎牛 7.5～8 成膘。如牛患有消耗性疾病时,则被毛粗乱,失去光泽,不按季节脱毛;疾病末期或痊愈期,常见被毛脱落;皮肤发生寄生虫病时,被毛往往大片脱落,或皮下水肿、气肿和肿块等都是疾病的表现。

(七)尾

健康牛尾巴灵活,尤其夏季更是如此。当吸血昆虫侵袭时,则敏捷地大幅度摆动,来驱赶昆虫。如仅仅是尾端略有摆动或不动,是不健康的表现。

(八)体　温

把体温表沿肠壁插入肛门 3～5 分钟。成年奶牛是 38℃～38.5℃,犊牛体温 38.5℃～39.5℃,夏季可上升 0.5℃。体温在 38℃以下或 40℃以上者均应注意。体温 36℃以下是病危的表现。重病牛每天测温 3 次。

(九)脉　搏

通常是触摸尾中动脉。根据脉搏的强弱、软硬、快慢可知心脏的情况，也可用听诊器，在牛体左侧肘部内侧，听取心音。成年奶牛每分钟搏动60～80次，犊牛70～90次。运动后搏动加快。因此，应连测2～3次，取其平均数。成年奶牛每分钟90次以上，犊牛110次以上者，应引起注意并分析原因。

（十）呼　吸

奶牛是胸腹式呼吸。观察鼻孔的启闭或肋骨的舒张次数，也可用听诊器在胸部两侧，听取呼吸音。健康牛每分钟呼吸次数15～35次，犊牛20～50次。若呼吸浅而快或深而慢或不规则或腹式呼吸等，均是疾病的表现。

（十一）瘤胃蠕动

健康牛每2分钟蠕动2～5次，每次持续15～25秒。这可用右耳贴在左肷部听到“苏苏”的声音，也可用听诊器能听到雷鸣音。如静听3～5分钟，没有蠕动音或声音弱而不全，是不正常的情况。

（十二）肠蠕动音

可在右腹部听取，可听到“咕咕”的蠕动音。如听到响亮的流水音或完全听不到什么声音，这是不正常的现象。

（十三）粪　便

一般为青褐色，无特殊的臭味。粪便的干湿度视饲料的种类而稍不同，一般粪便落地形成中央凹下（螺帽状）。1～2小时排粪1次，每天排粪12～18次。当粪便干硬似马粪，次数又减少或稀薄如水，次数增加或粪便有血液、黏液、气泡或呈柏油样，带有腥臭味等，这些都是消化道疾病的表现。

(十四)尿　液

一般淡黄色透明,1天排尿6～7次,如排尿困难,量少,次数减少或尿中混有鲜红血液或呈棕色、白色尿或混有絮状脓液或在母牛阴毛上附有白色球状物质,这都是泌尿系统有疾病的表现。

随着奶牛生产的发展,奶牛疾病逐渐增多和复杂化。单凭临床诊断和实践经验已不能适应现代化生产的需要,应建立牛病诊断实验室。在正常生产情况下实验室应能进行细菌培养、分离、鉴定;血液各种生化指标的检验,血清学(如IBR、BDV、布氏杆菌病等)检查;寄生虫的检查;尿液检查等。根据检验结果,以使我们及时了解本场奶牛健康状况,一旦出现异常时,能为我们提供早期疾病预报。当有疾病发生时,通过实验室诊断手段提供各种检验数据,以尽快确诊提供依据,使我们的诊断更具有科学性。

七、常用治疗技术

(一)子宫冲洗法

子宫冲洗是治疗子宫内膜炎时采用的一种方法。由于用大量消毒液冲洗子宫,会降低子宫上皮的抵抗力和防御功能,发生子宫严重弛缓,导致所谓的"治疗性"不孕,故应尽量少用。

1. 适应症　子宫冲洗法适用于慢性子宫炎、子宫蓄脓、子宫积水等病。

2. 术前准备　器械与药品有吊桶、脸盆、导管、高锰酸钾、氯化钠、雷佛奴尔、来苏儿、金霉素或土霉素及温开水。人员2～3人。

3. 手术步骤　一是用温开水配制0.1%高锰酸钾液或0.5%食盐溶液于吊桶内,置于牛体后躯高于牛体处。二是术者手臂、母牛阴部消毒后，术者的手伸入阴道，并将导管经子宫颈口插入子宫；管的另一端与吊桶管接通。打开吊桶开关，药水经导管流入子宫；当药液进入子宫200～300毫升时关闭开关，将与吊桶相接的导管断开；术者将导管上下左右活动，把子宫中的药液导出；将子宫中的药液全部导出之后，再将导管与吊桶接通，打开开关，使药液再流入子宫，然后再按上法导出。如此反复几次，直到洗净子宫为止。最后再灌注抗生素。

4. 注意事项 一是手臂、导管及牛的会阴部要严格消毒；二是为了使药液和子宫黏膜更充分接触，冲洗时可用一手伸入直肠，在直肠内轻轻按摩子宫；三是冲洗用导管应较柔软，在子宫内活动导管时应缓慢，切勿粗鲁将子宫穿破；四是每次灌入子宫的冲洗液要全部导出。

(二)瘤胃冲洗法

瘤胃冲洗常用于牛前胃的某些疾病或急性食物中毒。

1. 适应症 前胃弛缓、瘤胃积食、瘤胃臌气、瘤胃酸中毒及有毒植物所引起的中毒。

2. 保定 柱栏内站立保定。

3. 器械 木制或金属的开口器；胶质洗胃管；洗胃桶或大的漏斗；温水或1%食盐水。

4. 操作 固定好牛只，口内放置开口器，并将其固定在牛角上。术者将洗胃管插入食管后继续向胃内插入，待有食糜流出或有难闻的气体排出后，连接洗胃桶(也可将漏斗直接插入洗胃管口内)，将水灌入瘤胃内5000～10000毫升，然后将胃管稍稍拔出，使胃内容物与灌进去的水充分混合并将其由导管导出，待不流后，再向胃内灌水，再排出，这样反复多次，直至导出草渣、食物残渣如水一样，瘤胃空虚为止。

5. 注意事项 对体质虚弱，心脏功能差，有严重呼吸困难的牛不宜洗胃。导出胃内容物时，牛头应放低些。牛洗胃过程中出现不安、呼吸困难时，应立即停止洗胃。

（三）糖钙疗法

1. 适应症　适用于预防和治疗酮尿病、骨质疏松症、前胃弛缓、产前产后瘫痪、胎衣不下等病。

2. 用法用量　20%～40%葡萄糖注射液500毫升、20%葡萄糖酸钙注射液500毫升（或10%葡萄糖注射液、3%氯化钙注射液各500毫升），静脉注射，每天1～2次。

3. 使用要点

（1）临产前　奶牛出现食欲不振或废绝，心跳、体温正常时可用糖钙疗法。治疗后，一能促进食欲；二能加强子宫阵缩，促进分娩；三能预防产前产后瘫痪的发生，加速胎衣的脱落。

（2）产后　牛表现食欲不振或废绝，心跳、体温正常，有前胃弛缓症状时可用糖钙疗法。对于已经发生产后瘫痪的牛，可起治疗作用，对未瘫痪的牛，可以防止瘫痪，并促进食欲与胎衣的脱落，促使子宫的恢复与恶露排出。

（3）泌乳期　日产奶量在25千克以上，凡心跳、体温正常，食欲降低或废绝，突然或持续性降奶，步行不稳时，可用糖钙疗法。这既能促进食欲，又可以提高产奶量。

（四）乳房内输注法

乳房内输注法用于乳房炎治疗。用乳导管针（通乳针），普通注射器或乳房内注射装置。奶牛站立保定，洗净乳房及乳头，揩干，挤净乳汁（或分泌物），用酒精棉球消毒乳头及乳头孔，左手握住乳头轻轻下拉，右手持接有乳胶管的乳导管针自乳头孔经乳头管徐徐插入乳池，再以左手固定已插入乳头的乳导管针，右手持注射器或注射装置接在乳导管针的胶管上，慢慢注入药液。注完拔出乳导管针，用左手拇指和食指捏住乳头，轻轻捻动，不让药液从乳房流出，同时以右手自下而上轻轻地、充分地按摩乳房，使药液渐次上升，扩散至腺管和腺泡。如几个乳区均需注射时，应先注射无病或病轻的乳区，再注射有病或病重的乳区，最好每个乳区用1个针头。注射后暂不挤奶，直到下一次注射前再将奶挤净。

(五)修蹄疗法

1. 适应症 适应于各种变形蹄，如长蹄、宽蹄、翻卷蹄、蹄角质腐烂(腐蹄)、蹄趾间腐烂的修整和治疗。

2. 术前准备

(1)器械 蹄刀、锉、锯、锤及线绳等。

(2)药品 消毒棉、硫酸铜、来苏儿、10%碘酊、松馏油、高锰酸钾粉及绷带等。

(3)人员 术者1人，助手1～2人。

3. 保定 在四柱栏或二柱栏内，站立保定。

4. 修蹄方法 把牛保定于柱栏内，将牛蹄吊起，术者站立于所修蹄的外侧，根据不同蹄形及病情，分别进行修整。

(1)长蹄 用蹄刀或截断刀，将蹄趾过长部分修去，并用修蹄刀将蹄底面修理平整，再用锉将其边缘锉平，使呈圆形。

(2)宽蹄 将蹄刀或截断刀放于蹄背侧缘，用木槌打击刀背，将过宽的角质部截除，再将蹄底面修理平整，锉其边缘。

(3)翻卷蹄 将翻卷侧蹄底内侧缘增厚部除去，用锯除去过长的角质部，最后锉其边缘。

(4)腐蹄、蹄趾间腐烂 首先根据其蹄形变化，将蹄底修平整后，再分别用药物进行处理。

5. 注意事项

(1)把握好修蹄时间 可在土地返浆之后雨季到来之前进行。因过早修蹄，气温低，蹄角质坚硬，修蹄困难；过晚，天热雨水多，修后难以护理，易于感染。

(2)修整变形蹄的依据　无论修整何种变形蹄，都应根据各个蹄形的具体情况，来决定修去角质的数量，不可过多的修去角质，否则引起出血。为能使蹄在负重时两蹄分开，底面负重均匀，蹄基正常，蹄趾间中不存留污物、粪草，所以应将两蹄趾内侧边缘多修去一些，以使蹄底呈“凹”形。

(3)对翻卷蹄应分次修整　一次修整，往往因过度修去角质而造成出血。如确诊是蹄部病症而引起的跛行，但在修整时又未发现病变时，不可一次深挖，应隔 3～5 天后，复检 1 次，看有无变化。

(4)修整蹄病的病牛应单独饲喂　凡因蹄病而经修整的病牛，应在干净、干燥的地面上单独饲喂。

合理而及时地修蹄，能够矫正蹄形，防止蹄变形严重而招致肢势的改变；对已发生蹄病的牛有疗效。当蹄趾间腐烂、腐蹄发生后，经修蹄能促进蹄病的痊愈；能提高产奶量和牛的利用年限，降低因蹄变形、蹄病造成的淘汰率。

(六)普鲁卡因封闭疗法

普鲁卡因是一种常用的局部麻醉药，将其注射于病灶周围通向中枢的神经周围，以阻断病灶的恶性刺激传至中枢，使病灶中的病理过程局限化，停止发展，并逐步得到改善和恢复，这种治疗方法称为普鲁卡因封闭疗法。

普鲁卡因封闭疗法的应用方法较多。常用的几种方法介绍如下。

1. 病灶周围封闭　用 0.5%盐酸普鲁卡因注射液，分数点注射于病灶周围约 2 厘米处的皮下、肌肉和病灶的基底，使盐酸普鲁卡因液包围整个病灶，切断病灶与健康组织的联系，以达到治疗的目的。为控制感染扩散，常在盐酸普鲁卡因注射液中加入青霉素等抗生素(每毫升盐酸普鲁卡因注射液中加入青霉素 10000 单位)。盐酸普鲁卡因的用量视病灶大小而定,通常为 50～100 毫升。封闭时,针头不可穿过病灶,以免感染扩散。注射前,注射部位应剪毛消毒。

2. 环状封闭　主要用于四肢和蹄部疾病,一般在病灶上方 3～5 厘米的健康组织上,做前、后、内、外环绕一圈的,从皮肤到骨膜的各层组织中均匀地注射 0.5%盐酸普鲁卡因注射液,以阻断病灶通向中枢神经的刺激。药液用量视封闭部直径大小而定,一般需 100～200 毫升,注射时应注意不要损伤大的血管和神经。

3. 尾骶封闭　尾骶位于直肠和荐椎之间,腹腔以外,这里充满疏松结缔组织,其间有腰荐神经丛、阴部神经和直肠后神经通过。这些神经通向膀胱、直肠、尿道、肛门、子宫、阴道和阴门。尾骶封闭对于直肠、肛门、膀胱、尿道、阴道和外阴的炎症有一定疗效,并对局部有轻度麻醉作用,有利于直肠脱出、阴道脱出及子宫脱出的整复手术。

注射前奶牛站立保定,举起尾根,充分暴露尾根与肛门之间凹入的三角区,注射点即在三角区的中央(相当于交巢穴或后海穴处)。局部消毒后,用长 15～20 厘米的消毒针头,垂直刺入皮下,而后稍使针头上翘,使针体与荐椎平行,向深部刺入 15～20 厘米(不应使针水平刺入,因水平刺入易刺入直肠),先在正中部位注射药液,边注射,边退针,直至皮下(但不要把针拔出皮肤),然后分别向左、右两侧刺入,也是边注射,边退至皮下,使药液分布呈一水平的扇形区。一般用 0.25%～0.5%盐酸普鲁卡因注射液 150～300 毫升。

4. 静脉封闭　将普鲁卡因溶液注入静脉内,使药物作用于血管内壁感受器,以达到封闭目的。可用于风湿症、乳房炎、创伤、烧伤、化脓性炎症和过敏性疾病等。静脉封闭应使用等渗盐水(或 5%葡萄糖生理盐水)配制的 0.1%～0.2%普鲁卡因注射液,缓慢地进行静脉注射(每分钟 60 滴左右为宜)。每次注射量为 100～

300 毫升，每天或隔天 1 次。个别牛只可出现呼吸抑制、发绀、瞳孔散大或惊厥等毒性反应。为防止毒性反应发生，可在每 100 毫升 0.1%普鲁卡因注射液中加入维生素 C 0.1 克。一旦发生上述反应，立即皮下注射盐酸麻黄碱注射液，或静脉注射 2.0%～2.5%硫喷妥钠注射液40～80 毫升。

（七）胎儿牵引术

牵引术是指通过牵引胎儿的前置部而将胎儿从母体产道拉出。

1. 适应症　常用于轻度的产道狭窄、母体产道阵缩和努责微弱、胎儿过大、胎位及胎势轻度异常及经矫正胎儿异常后的助产。

2. 术前准备　术者及助手 3～4 人，准备好助产绳、2%来苏儿、0.1%新洁尔灭、脸盆和温水。

3. 手术方法　首先应用消毒液充分洗净母牛后躯，胎儿正位时，术者将助产绳拴于两前肢系关节上；倒位时，拴于两后肢跗关节上。也可将头固定，将助产绳由两耳穿过，绕过两侧面颊，绳结以单滑结在胎儿口中固定。术者用两手轻轻按压阴门上联合处，保护会阴，助手交替牵引助产绳，轻轻将胎儿拉出。

4. 注意事项　一是胎水少、产道干燥时，可向产道内注入液状石蜡、肥皂水等，使产道充分滑润；二是拉两后肢或两前肢时，不可同时用力拉紧两助产绳，而应交替牵引，使胎儿肩胛或髋关节的宽度倾斜缩小，便于通过母体骨盆腔；三是胎儿通过困难时，应将两前肢送回产道内，将胎头拉出，当头娩出后，两前肢可通过胎颈和产道之间的空隙顺利拉出；四是牵引要与母牛阵缩、努责相配合，不能强拉，当整个胎儿将被拉出时，应缓慢牵引，防止子宫脱出；五是仔细检查产道开张情况和胎儿状况，使助产者心中有数，避免产道未完全开张而过早助产造成子宫颈口的撕裂、大出血。

八、主要传染病及其防制

传染病是由各种病原体引起的能在人与人、动物与动物或人与动物之间相互传播的一类疾病。传染病的特点是有病原体，有传染性和流行性，感染后常有免疫性。有些传染病还有季节性或地方性。传染病的传播和流行必须具备3个环节，即传染源(能排出病原体的人或动物)、传播途径及易感者(对该种传染病无免疫力者)。若能完全切断其中的1个环节，即可防止该种传染病的发生和流行。各种传染病的薄弱环节各不相同，在预防中应充分利用。除主导环节外对其他环节也应采取措施，只有这样才能更好地预防各种传染病。

(一)口蹄疫

口蹄疫是偶蹄属动物的一种急性、发热性高度接触性传染病，其临床特征是在口腔黏膜、蹄部和乳房皮肤发生水疱性疹。本病以传播迅速、感染率高著称，可危害牛、猪、羊等30多种动物，国际兽医局将其列为A类传染病。

1. 病因 口蹄疫病毒属于微核糖核酸病毒科中的口蹄疫病毒属，在不同的条件下容易发生变异。根据病毒的血清学特性目前已知全世界有7个主型，即A型，O型，C型，南非1型，南非2型，南非3型和亚洲1型，有6个亚型。病毒主要存在于水疱皮及淋巴液中。病牛是主要的传染源，康复期和潜伏期的病牛亦可带毒排毒，本病主要经呼吸和消化道感染，也能经黏膜和皮肤感染。其传播既有蔓延式又有跳跃式的，一年四季均可发生。

2. 症状 潜伏期平均2～4天，最长可达7天左右，病牛体温升高至40℃～41℃，精神沉郁、食欲下降，闭口、流涎，井口时有吸吮声。1～2天后在唇内面、齿龈、舌面和颊部黏膜发生蚕豆大至核桃大的水疱。此时口角流涎增多，呈白色泡沫状，常挂满嘴边，采食、反刍完全停止。在口腔发生水疱的同时或稍后，趾间及蹄冠的柔软皮肤上也发生水疱，并很快破溃出现糜烂，然后逐渐愈合。若病牛衰弱且管理不当或治疗不及时，糜烂部可能继发感染化脓、坏死，甚至蹄匣脱落，乳头皮肤有时也可能出现水疱，而且很快破裂形成烂斑。

本病一般为良性经过，死亡率一般为1%～3%。但有时病情突然恶化，全身虚弱、肌肉震颤，特别是心跳加快、节律不齐，因心脏麻痹而突然倒地死亡，这种病型称为恶性口蹄疫，病死率高达20%～50%，主要是由于病毒侵害心肌所致。犊牛患病时水疱症状不明显，主要表现为出血性肠炎和心肌麻痹，死亡率很高。

3. 诊断　根据本病的流行的特点，以及特征性的临床症状可初步诊断。但为了了解当地流行的口蹄疫病毒为何毒型，必须通过实验室鉴定后方可确定。本病具有重要诊断意义的是心肌病变及心包膜有弥漫性点状出血，心肌切面有灰白色或淡黄色斑点或条纹，俗称“虎斑心”，质地松软呈熟肉样变。

4. 防制　鉴于口蹄疫具有多种动物宿主、高度接触性传染性、病毒抗原的多种性和变异性，以及感染后或接种疫苗后免疫期短等特点，因此在实际工作中使口蹄疫的控制变得相当困难。为了控制本病的流行，目前采取的方法如下。

(1)未发病场的预防措施　严格执行防疫消毒制度，全场应成立口蹄疫防制小组，负责疫病的防制工作；提高对本病危害性认识，自觉地遵守防疫消毒制度；场门口要有消毒间、消毒池，进出牛场必须消毒；严禁非本场的车辆入内。猪肉及病畜产品严禁带进牛场食用；每月定期对畜舍、牛栏、运动场用2%苛性钠或其他消毒药进行消毒，消毒要严、要彻底。坚持进行疫苗接种。定期对所有牛只进行系统的疫苗注射，使牛具有较好的保护力。目前，疫苗种类很多，现列举于下。

①兔化弱毒疫苗　舌面接种，常引起注射部位发生水疱。对犊牛有残毒，可引起死亡。牛免疫期6个月以上。

②鼠化弱毒疫苗　注射后14天产生免疫力，免疫期4～6个月，新注射区的牛，疫苗注射后，可能有10%的牛蹄部和20%～30%的牛口腔出现水疱和烂斑。此外，还有鸡胚化弱毒苗、组织培养弱毒苗和灭活苗。

③遗传工程　已应用于口蹄疫疫苗的研究之中，它不用口蹄疫病毒作原料，而纳入疫苗中的是一种特殊病毒蛋白。这种特异蛋白来自经遗传工程控制和处理的大肠埃希氏菌培养物，这种蛋白只能刺激接种动物产生口蹄疫抗体，而不致由此造成感染。

④灭活疫苗　中国农业科学院兰州兽医研究所生产并已使用的口蹄灭活疫苗，具有较高的防制效果。

(2)口蹄疫灭活疫苗的苗型和免疫程序

①疫苗　牛羊O型口蹄疫灭活疫苗(单价苗)，牛羊O-A型口蹄疫双价灭活疫苗(双价苗)。

②规模化奶牛场免疫程序

种公牛后备牛：每年注苗2次，每隔6个月注苗1次。单价苗肌内注射3毫升/头，双价苗肌内注射4毫升/头。

生产母牛：分娩前3个月肌内注射单价苗3毫升/头或双价苗4毫升/头。

犊牛：出生后4～5个月首免，肌内注射单价苗2毫升/头或双价苗2毫升/头。首免后6个月二免(方法、剂量同首免)，以后每隔6个月接种1次，肌内注射单价苗3毫升/头或双价苗4毫升/头。

(3)已发生口蹄疫的防制措施　在很少发生或没有流行过口蹄疫的牛场和地区，一旦发生疫情，应采取果断措施，扑杀疫区内的所有牲畜，彻底消毒。或者是在流行过口蹄疫的地区，如果疫区不大，疫点不多，在经济条件允许的情况下，将疫区内的病畜和易感动物全部扑杀，彻底消毒，在距疫区10千米以内的地区，对易感动物进行预防接种。当采取这种措施时，必须立即建立严格的封锁隔离措施，并成立相应的领导机构，布置、实施和检查实施情况。

疫区内最后1头病畜扑杀后，经过1个潜伏期的观察，再未发现病畜时，经彻底消毒清扫，由原发布封锁令的县以上人民政府发布解除封锁令，并通报毗邻地区和有关部门，同时报告上级人民政府和防疫部门备案。

(二)牛布氏杆菌病

布氏杆菌病是由布氏杆菌引起的人兽共患的一种慢性传染病。以母畜流产或早产、不孕和公畜睾丸炎为特征。国际兽医局(OIE)将其列为B类疫病。

1. 病原　布氏杆菌为革兰氏阴性小杆菌，不形成芽胞。根据其病原性、生化特性等不同，可分为6个种20个生物型，其中羊种布氏杆菌3个型、牛种布氏杆菌9个型、猪种布氏杆菌5个型，还有犬种布氏杆菌、绵羊附睾种布氏杆菌和沙林鼠种布氏杆菌。

布氏杆菌对各种物理和化学因子比较敏感。巴氏消毒法可以杀灭该菌，70℃ 10分钟也可杀死，高压消毒瞬间即亡。对寒冷的抵抗力较强，低温下可存活1个月左右。该菌对消毒剂较敏感，2%来苏儿3分钟之内即可杀死。该菌在自然界的生存力受气温、湿度、酸碱度影响较大，酸碱度为中型及低温下存活时间较长。

病畜和带菌动物，特别是流产母畜是最危险的传染源。病菌存在于流产的胎儿、胎衣、羊水及阴道分泌物中。病畜乳汁或精液中也有病菌存在。

本病主要经消化道感染，也可经伤口、皮肤和呼吸道、眼结膜和生殖器黏膜感染。因配种致使生殖系统黏膜感染尤为常见。

本病一年四季均可发生，但有明显的季节性。羊种布氏杆菌病春季开始，夏季达高峰，秋季下降；牛种布氏杆菌病以夏秋季节发病率较高。

2. 临床症状 本病潜伏期长短不一，牛布氏杆菌病一般在14～120天。潜伏期的长短，视病原菌的毒力、感染量及感染时母牛的妊娠期而定。

母牛主要表现流产，可发生于妊娠的任何时期，多见于6～8个月。多见胎盘滞留，失去生育能力。公牛出现睾丸炎及附睾炎。有些牛发生关节炎、黏液囊炎和跛行。

3. 病理变化 布氏杆菌最适宜在胎盘、胎衣组织中生长繁殖，其次是乳腺组织、淋巴结、骨髓、关节、腱鞘、滑液囊以及睾丸、附睾、精囊腺等。

特征病变是胎膜水肿，严重充血或有出血点。子宫黏膜出现卡他性或化脓性炎症及脓肿病变。常见有输卵管炎、卵巢炎或乳房炎。公畜精囊腺中常有出血和坏死病灶，睾丸和附睾肿大，出现脓性和坏死病灶。

4. 诊断 根据临床症状和病理变化可做出初步诊断，确诊需进一步做实验室诊断。在国际贸易中，指定诊断方法为缓冲布氏杆菌抗原试验（BBAT）、补体结合试验和酶联免疫吸附试验。替代诊断方法为荧光偏振测定法（FPA）。

5. 防制 坚持自繁自养。必须引进种畜时，要严格检疫2次，确认健康者才能混群。在疫区，每年定期以凝集反应检疫2次，清净群每年至少检疫1次，检出病畜应扑杀并做无害化处理。阴性反应畜可预防接种菌苗进行预防。被污染的畜舍、运动场、饲槽、水槽等用10%石灰乳或5%热烧碱水严格消毒；病畜分泌物、排泄物等应做无害化处理或消毒深埋。

兽医、病畜管理人员、助产员、屠宰加工人员，要严守卫生防护制度，特别在产犊季节更要注意。最好在从事这些工作前1个月进行预防接种，且需年年进行。

(三)结 核 病

牛结核病是由分枝杆菌属牛分枝杆菌引起的一种慢性传染病。以组织器官的结核结节性肉芽肿和干酪样、钙化的坏死病灶为特征。国际兽医局(OIE)将其列为B类疫病。

1. 病原　结核分枝杆菌主要分3个型:即牛分枝杆菌(牛型)、结核分枝杆菌(人型)和禽分枝杆菌(禽型)。该病病原主要为牛型,人型、禽型也可引起本病。此外,还有冷血动物型和鼠型,但对人畜都无致病力。

结核杆菌为严格的需氧菌,生长最适pH值为:牛型结核菌5.9～6.9,人型菌7.4～8,禽型菌7.2。最适温度为37℃～38℃。

结核杆菌对外界的抵抗力很强,在土壤中可生存7个月,在粪便内可生存5个月,在奶中可存活90天。但对直射阳光和湿热的抵抗力较弱,60℃～70℃经10～15分钟、100℃水中立即死亡。常用消毒药经4小时可将其杀死,70%酒精、10%漂白粉、氯胺、石炭酸、3%甲醛等均有可靠的消毒作用。

结核病畜是主要传染源,结核杆菌在机体中分布于各个器官的病灶内,因病畜能由粪便、乳汁、尿及气管分泌物排出病菌,污染周围环境而散布传染。主要经呼吸道和消化道传染,也可经胎盘传播,或交配感染。牛对牛型菌易感,其中奶牛最易感,水牛易感性也很高,黄牛和牦牛次之;猪、鹿、猴也可感染;马、绵羊、山羊少见;人也能感染,且与牛互相传染。家禽对禽型菌易感,猪、绵羊少见;人对人型菌易感,牛、猪、狗、猴也可感染。

本病一年四季都可发生。一般说来,舍饲的牛发生较多。畜舍拥挤、阴暗、潮湿、污秽不洁,过度使役和挤奶,营养不良等,均可促进本病的发生和传播。

2. 临床症状　潜伏期一般为10～15天,有时达数月以上。病程呈慢性经过,表现为进行性消瘦,咳嗽、呼吸困难,体温一般正常。因病菌侵入机体后，由于毒力、机体抵抗力和受害器官不同，症状亦不一样。在牛中本菌多侵害肺、乳房、肠和淋巴结等。

3. 病理变化 特征病变是在肺脏及其他被侵害的组织器官形成白色的结核结节。呈粟粒大至豌豆大灰白色、半透明状，较坚硬，多为散在。在胸膜和腹膜的结节密集状似珍珠，俗称"珍珠病"。病期较久的，结节中心发生干酪样坏死或钙化，或形成脓腔和空洞。病理组织学检查，在结节病灶内见到大量的结核分枝杆菌。

4. 诊断 根据临床症状和病理变化可做出初步诊断，确诊需进一步做实验室诊断。在国际贸易中，指定诊断方法为结核菌素试验，无替代诊断方法。

5. 防制 定期对牛群进行检疫，阳性牛必须予以扑杀，并进行无害化处理。有临床症状的病牛应按《中华人民共和国动物防疫法》及有关规定，采取严格扑杀措施，防止扩散。每年定期大消毒2～4次，牧场及牛舍出入口处，设置消毒池，饲养用具每月定期消毒1次，检出病牛时，要做临时消毒。粪便经发酵后利用。

(四)牛流行热

牛流行热又称三日热或暂时热。此病是由牛流行热病毒引起的，在夏秋高温季节极易流行的一种急性发热性高度接触性传染病。主要发生于奶牛和黄牛，哺乳母牛症状较严重，犊牛发病率较低。此病一旦在牛群中发生，流行速度快，对产奶量影响显著，经济损失大。因此，牛流行热应引起广大养殖户的足够重视。

1. 病原 病原体是弹状病毒科的牛流行热病毒，属RNA型。病毒不耐热，在50℃经10分钟即使其活力消失，寒冷对病毒影响不大，能抵抗反复冻融。该病的流行具有明显的季节性，多发生于气候炎热、雨量较多的6～9月份，如天气闷热多雨或昼夜温差较大，更易发生流行。能引起大群牛发病，病呈显性感染，病牛是本病的主要传染源。在自然条件下，节肢动物、吸血昆虫是本病的重要传播媒介。本病也可经消化道和呼吸道传染。此外，牛流行热的发生也表现有一定的周期性，通常 5～10 年流行 1 次。在间隔期间，常有不同程度的地方流行与散发。

2. 症状　病的潜伏期为 3～7 天。突然高热，呼吸急促，传播迅速，发病率高，死亡率低是本病的特征。

患牛突然发病，精神极度委顿，被毛竖立，不食，反刍停止。哺乳母牛发病，泌乳量急剧下降，患牛体温急剧升高至 40℃～42℃，眼睑肿胀，眼结膜充血潮红，畏光流泪。鼻镜干热，鼻流清涕；口流清涎，常呈线状。患病初期粪便稍软，表面常带有黏液，以后则出现腹泻，有的患牛便秘与腹泻交替出现。发热期尿短而赤，皮温不匀，间有肌肉震颤，甚至发生肌肉痉挛。四肢肌肉疼痛或僵硬，关节肿胀，喜卧，不愿走动，强行驱赶则步态蹒跚，有不同程度的跛行和瘫痪。病程短，一般为 3 天左右，多为良性经过，患过此病的患牛可以获得免疫力。严重病例甚至卧地不起。如治疗不及时，极易发生并发症，个别病牛因窒息或继发肺炎而死亡。

3. 防制　牛流行热目前尚无有效疫苗和特效治疗药物，一般采取对症疗法和防止混合感染或继发感染两种方法进行治疗。平时应加强饲养管理和预防。方法是饲喂易消化且营养丰富的草料，以增强牛的体质。经常保持牛栏清洁干燥、通风凉爽。放牧出汗时，不让其暴饮冷水。

对重症患牛特别是泌乳牛，应在加强护理的同时，采取相应的综合疗法：肌内注射复方氨基比林、安乃近等药物，解热消炎。对高热不退的患牛给予强心解毒，静脉注射葡萄糖生理盐水 1 500～2 000毫升，安钠咖 10～20 毫升，配合用凉水敷头、洗身、灌肠；肌内注射抗生素（青、链霉素）或磺胺类药物制剂，以防继发感染。对呼吸困难或伴有肺水肿的牛，配合静脉滴注地塞米松 5～20 毫克/次，加葡萄糖生理盐水 500～1 000 毫升。对跛行和瘫痪患牛可静脉注射水杨酸钠或氢化可的松等药物，以减轻疼痛，缓解症状。

中药治疗宜选用清肺、平喘、化痰、解热、通便的方剂进行辨证施治。

（五）牛病毒性腹泻（黏膜病）

牛病毒性腹泻（黏膜病），是牛腹泻病毒引起牛、羊和猪的一种接触性传染病。牛、羊以消化道黏膜糜烂、坏死，胃肠炎和腹泻为特征。

1. 病原 牛病毒性腹泻病毒为黄病毒科瘟病毒属成员，与猪瘟病毒和边界病病毒同属，在基因结构和抗原性上有很高的同源性。在自然条件下存在毒力显著不同的毒株。

牛病毒性腹泻病毒为一种单股 RNA 有囊膜的病毒，大小为 35～55 纳米，呈圆形，对乙醚、氯仿、胰酶等敏感。该病毒对外界因素抵抗力不强，pH 值 3 以下或 56℃很快被灭活，对一般消毒药敏感，但血液和组织中的病毒在低温状态下稳定，在冻干状态下可存活多年。

传染源为患病及带毒动物。病牛可发生持续性的病毒血症，其血、脾、骨髓、肠淋巴结等组织和呼吸道、眼分泌物、乳汁、精液及粪便等排泄物均含有病毒。本病主要经消化道、呼吸道感染，也可通过胎盘发生垂直感染，交配、人工授精也能感染。自然情况下主要感染牛，尤以 6～18 月龄幼牛最易感，山羊、绵羊、猪、鹿及小袋鼠也可感染。

本病呈地方性流行，一年四季均可发生，但以冬春季节多发。

2. 临床症状 牛潜伏期自然感染为 7～10 天，短的 2 天，长的可达 14 天。人工感染为 2～3 天。

（1）急性型 多见于幼犊。表现高热，体温升高达 40℃～42℃。持续 2～3 天，有的呈双相热型。腹泻，呈水样，粪带恶臭，含有黏液或血液。大量流涎、流泪，口腔黏膜（唇内、齿龈和硬腭）

和鼻黏膜糜烂或溃疡，严重者整个口腔覆有灰白色的坏死上皮，像被煮熟样。妊娠牛可引起流产，犊牛先天性缺陷（如小脑发育不全、失明等）。

（2）慢性型　较少见，病程 2～6 个月，有的达 1 年。病畜消瘦，呈持续或间歇性腹泻，里急后重，粪便带血或黏膜。鼻镜糜烂，但口腔内很少有糜烂。蹄叶发炎及趾间皮肤糜烂坏死，致使病畜跛行。步态蹒跚，不时卧地。

3. 病理变化　主要在消化道和淋巴组织，口腔（口黏膜、齿龈、舌和硬腭）、咽部、鼻镜出现不规则烂斑、溃疡，以食管黏膜呈虫蚀样烂斑最具特征。流产胎儿的口腔、食管、真胃及气管内有出血斑及溃疡。运动失调的犊牛，严重的可见到小脑发育不全及两侧脑室积水。

4. 诊断　根据临床症状和病理变化可做出初步诊断，确诊需进一步做实验室诊断。

5. 防制　本病目前尚无有效治疗和免疫方法，因此，预防是关键。只有加强护理和对症疗法，增强机体抵抗力，促使病牛康复。发病后，应用收敛剂和补充体液，配合抗菌药物控制继发感染可以减少损失，最好急宰病牛以消除传染源。一般用葡萄糖生理盐水 1000～2000 毫升，维生素 C 2～4 克，5%碳酸氢钠 200～400 毫升，静脉注射，每天 1 次，连用 3～4 天，还可应用病毒唑、板蓝根等抗病毒药及抗菌药物肌内注射。

国外黏膜病发生较多，国内某些地区也有发生。为预防本病传入，在引进牛只时应先隔离检疫，病毒分离和中和抗体均为阴性者才能混入健康群，以防止引入带毒牛。一旦发生本病，病牛必须及时隔离或急宰，严格消毒，限制牛群活动，防止扩大传染。必要时可用黏膜病弱毒疫苗或猪瘟弱毒疫苗进行预防接种。

(六)疯 牛 病

疯牛病的学名为牛海绵状脑病(英文缩写为BSE)。是一种危害牛中枢神经系统的传染性疾病。属慢性进行性致死性神经系统疾病。

1. 病原 目前对其病因尚有争论,但大多数学者认为其病因为一种有传染性的蛋白颗粒。这一致病因子与已知的所有其他病原体(如细菌、病毒、真菌或寄生虫)不同,主要特点迄今未能从病因子中发现核酸。Prion 译为朊病毒。

BSE最早于1986年在英国牛群中被发现,据流行病学调查,BSE起源于用羊等动物尸体制作的饲料,通过食物链传播。

BSE可能感染人而发生克雅病(CJD)。食用被疯牛病污染了的牛肉、牛脊髓的人,有可能染上致命的克罗伊茨费尔德－雅各布氏症(简称克－雅氏症),其典型临床症状为出现痴呆或神经错乱,视觉模糊,平衡障碍,肌肉收缩等。医学界对克－雅氏症的发病机制还没有定论,也未找到有效的治疗方法。因此,病人最终因精神错乱而死亡。疯牛病的发生和传播,直至1996年在国际上才引起了广大消费者的重视。

2. 诊断 疯牛病的病程一般为14～90天,潜伏期可长达4～6年,甚至达十几年,出现症状的病牛大多是在4岁左右,表现为瘙痒、烦躁不安,行为反常,对触摸和声音过分敏感,常由于恐惧、烦躁而表现有攻击性。它使病牛脑组织呈海绵状病变,病牛身体协调性很差,出现步态不稳、平衡失调、容易摔倒,少数病牛可出现头部和肩部肌肉颤抖和抽搐。

从组织学研究病变,发现病牛中枢神经系统的脑灰质部,呈现星形细胞胶质增生,表面有淀粉样沉淀,并形成海绵状空泡。

疯牛病的确诊还是依靠对病牛生前的典型症状及死后的脑部解剖,按其典型的病理组织变化脑组织“海绵状空泡”形成,及检出其特殊朊蛋白。

3. 防制　目前尚无有效的治疗方法。

对本病的预防，首先应停止使用肉骨粉喂牛、羊，然后对发病地区的牛、羊群采取扑杀措施，隔离封锁，禁止任何可疑病畜产品及活畜进入流通市场。从国家来讲，应严格执行检疫制度，严禁从疫区或发病国家引进种畜、冷冻精液、胚胎和其他任何畜产品以及可能利用动物源加工的制品，如利用牛血清、羊脑生产的疫苗、生物激素及其制品，包括多种化妆品等。

（七）炭　疽

炭疽是由炭疽杆菌引起的人兽共患的一种急性、热性、败血性传染病。原系食草动物（羊、牛、马等）的传染病，人因接触这些病畜及其产品或食用病畜的肉类而被感染。以突然高热和死亡、可视黏膜发绀和天然孔流出煤焦油样血液为特征。OIE 将其列为 B 类疫病和国家法定报告疾病。

1. 病原　本病的病原体是炭疽杆菌，为革兰氏阳性菌，呈长链或短链状排列，菌体两端平齐呈竹节状。本菌无鞭毛在动物体内能形成荚膜，荚膜具有强的抗腐败能力，因此，在腐尸材料中检查，可见到无内容物的荚膜空壳。在有氧和适宜的条件下能形成芽胞。炭疽杆菌的繁殖型抵抗力不强，加热至 60℃持续 30 分钟或煮沸 5 分钟可被杀死，一般消毒药也易于将其杀灭，但芽胞的抵抗力则显著增强，在腐败的水中、厩舍粪水中以及腐败的血液和泥土中也能长期生存，据报道，在埋尸 40 年后的墓地取土还可发生牛感染炭疽。来苏儿、石炭酸和酒精对芽胞杀灭作用很差，强氧化剂如高锰酸钾、漂白粉对芽胞具较强的杀灭作用。临床上常用 20％漂白粉、0.1％碘溶液、0.5％过氧乙酸作为消毒剂。本菌对磺胺类、青霉素、链霉素、四环素及红霉素都敏感，能抑制繁殖体和芽胞生长。

炭疽的自然疫原是患病的草食动物(包括家禽和野生动物)最易感的是山羊、牛、马等。病畜的分泌物和排泄物,尤其是濒死期病畜,由天然孔流出的血水,含有大量炭疽杆菌,在自然条件下,很快形成芽胞,污染土壤和水、草,借风尘和水流等因素扩散,或处理尸体不当,皮毛加工运输不消毒,都有扩散炭疽杆菌的可能,对人兽长期为患。动物炭疽可经消化道、呼吸道、皮肤黏膜或昆虫叮咬等多种途径传播,但主要通过被污染的饲料、饮水由消化道侵入。奶牛场发生炭疽,无明显的季节性,夏季天气热,气温高,雨水多,给土壤炭疽芽胞以有利的繁殖条件而发生较多,但冬季也可发生,主要通过喂饲从疫区收割的干草或不洁的萝卜、甜菜等。

2. 症状 动物自然感染的潜伏期,一般为1～3天,临床症状有最急性、急性和亚急性3种类型。牛多见急性、亚急性病例。牛炭疽发病时虽有高热,但症状多不显著,往往在没有前期症状突然死亡。一些病例或以高度兴奋开始,或很快发生热性病症状,如体温升高到40℃～42℃,精神不振,伴有寒战和肌肉震颤,心悸亢进,脉搏微弱而快,黏膜发绀等。随着采食停止,反刍和泌乳也都停止,发生中度臌胀,肠道、口、鼻出血以及血尿。有时可见舌炭疽或原发性咽炭疽、肠炭疽,在这些部位发生炭疽痈。颈、胸、肋、腰及外阴部常有水肿,且发展迅速。颈部水肿常与咽炎和喉头水肿相伴发生,致使呼吸更加困难。肛门水肿,排便困难,粪便带血,一般病程10～36小时死亡。

3. 诊断 炭疽病畜的病程很短,初发病例临床诊断困难,同时对疑似炭疽病例一般禁止解剖,确诊应以细菌学检验和血清学诊断为基础。疑似炭疽死亡的牛用针头取耳尖血涂片镜检,应由兽医人员操作,按炭疽杆菌特有的形态,可做出初步判定。采血或从组织做培养,分离做细菌鉴定和血清学检验应由专门实验室实施。

4. 防制

(1)免疫 Ⅱ号炭疽芽胞苗或无荚膜炭疽芽胞苗,1岁以上的牛皮下注射均为1毫升，免疫期1年。

(2)治疗　牛患急性、亚急性炭疽，如能早期用药杀灭体内的细菌或中和体内毒素，是可以治愈的。早期用抗生素，以青霉素为最好，其他如金霉素、链霉素和土霉素都有较好疗效。青霉素用量1万～2万单位/千克体重，每隔3～4小时注射1次，连续3天。磺胺嘧啶按日量为0.1～0.2克/千克体重，分为6次用，每4小时1次，连用3天。如同时用抗炭疽血清，静脉或皮下注射，每次30～40毫升，共用100～200毫升效果更好。对炭疽痈，按上述方法治疗外，在肿胀部位用消毒水清洗并分点注射抗菌素，或涂金霉素软膏。

(3)疫区防控措施　患炭疽病死亡的病牛必须掩埋2米以下或焚烧，但不能靠近水源和河流。炭疽发生区或在2～3年内曾发生炭疽的地区，每年进行预防注射，新建牛场应事前做好调查，以有无埋尸兽墓而定。对怀疑为炭疽流行发生的病畜和尸体，经细菌学检验确诊后，立即报有关部门，并封锁疫区，同群饲养的牛逐头测温，可疑病畜分入隔离舍专人饲养并治疗，最好是注射抗炭疽血清，治愈后2周，再接种炭疽芽胞苗。对患畜厩舍要彻底消毒，可用0.1%升汞加0.5%盐酸溶液喷洒，或用0.3%过氧乙酸溶液喷雾，密封厩舍可用福尔马林或环氧乙烷熏蒸。消毒后用水冲洗，晾干后再放入健康牛，同时要做好防止鼠害及其他有利于防制传染的办法。

第三章 奶牛常见病的防治

一、产 科 病

(一)乳 房 炎

1. 病因与危害 乳房炎是影响现代奶牛业效益的头号杀手，并有随奶牛生产性能提高而感染率增加、危害加大的趋势。乳房炎是奶牛多发病，20%～60%的产奶牛都发生过乳房炎。乳房发炎后，泌乳减少，乳汁变质，炎症最终可破坏乳腺组织，使其部分或全部乳房丧失泌乳功能。乳房外伤、挤奶方法不当、挤奶不净或挤奶延迟等，加上环境不洁，不注意乳房卫生，挤奶前手及乳房、乳头消毒不严，给微生物感染提供机会，都可促使该病的发生。80%～90%的乳房炎病例是金黄色葡萄球菌及链球菌感染所引起，饲喂高蛋白的牛群易发，产后喂给大量的精饲料或多汁饲料，也能引起乳房炎。随炎症性质可分为浆液性炎、卡他性炎和纤维素性炎，乳房红肿热痛，泌乳减少，还可能出现全身症状，延误治疗则转为慢性化脓性炎，多数会造成乳房硬结、萎缩，一区或多区失去泌乳功能，有的可因乳房炎引起乳房狭窄或闭锁，个别还会继发乳房坏疽或使患牛死亡。

2. 治疗 消灭病原微生物，控制炎症的发展，改善牛的全身状况，防止败血症。初期处在红肿热痛阶段可进行冷敷。后期可进行 2～3 次热敷。乳房内冲洗对各类乳房炎的治疗均可产生良好的效果。冲洗前应先消毒乳头并将乳房内积奶尽量挤下净，每个乳头先用1%～2%小苏打水冲洗后再注入抗菌药。对化脓性乳房炎，脓肿位于皮下浅层的应尽早切开排脓，若在深层则用注射器抽出脓汁，然后注入抗菌药。

3. 预防　主要是加强饲养管理，搞好挤奶卫生，保持圈舍及牛体卫生，运动场要干燥，及时清除粪便，牛体每天刷拭以减少乳房感染；严格执行挤奶操作规程；定期进行乳房炎检测；挤奶后乳头药浴，每次挤奶后 1 分钟内，应将乳头在盛有药液的浴杯中浸泡数秒钟。常用药液有 0.5%～1%碘伏、0.3%～0.5%洗必泰或 0.2%过氧乙酸等；干奶期注射干奶药；及时淘汰慢性或顽固性乳房炎病牛。

（二）子宫内膜炎

1. 病因与危害　子宫内膜炎是由于牛在分娩时助产不当或产后期护理不当，胎衣不下，子宫脱出以及配种时的感染，引起子宫黏膜发炎。据报道，日粮中含氟过多会诱发子宫内膜炎，特别是青年母牛。卡他性子宫内膜炎是黏膜表层的炎症。子宫内有脓性分泌物流出；伪膜性子宫炎是由于黏膜深层也受到损害，子宫内有纤维素性渗出物，严重时可使子宫肌层坏死。病牛全身症状明显，体温升高，食欲减少，精神沉郁。慢性化脓性子宫内膜炎都是由急性转变而来，临床上一般无外观症状，但患牛发情不规则，有的虽有发情和排卵，但屡配不孕，即使受孕，常在妊娠早期流产，对牛群繁殖影响很大。

2. 治疗　制止感染扩散，清除子宫腔内的脓性分泌物，提高子宫紧张度及子宫的自净能力。先用药液冲洗，然后按摩（通过直肠），尽量排净宫腔内冲洗液，再注入抗菌剂及子宫收缩药。冲洗液常用 0.1%高锰酸钾、0.02%呋喃西林、0.1%雷佛奴尔等。冲洗后可用金霉素 0.5 克溶于 300 毫升的灭菌蒸馏水中灌注子宫；或用青霉素 240 万单位、链霉素 200 万单位，溶于 150 毫升蒸馏水中一次注入子宫内。灌注 1 天后肌内注射 0.4～0.6 毫克或子宫内注射 0.2～0.3 毫克氯前列烯醇，以促进子宫的收缩，并可溶解子宫内膜炎伴随的持久性黄体。

3. 预防 搞好环境卫生，配种或助产时严格执行操作规程，及时而合理治疗原发性疾病。

(三)繁殖障碍

1. 持久黄体 分娩后或排卵后未受精，卵巢上的黄体存在 25～30 天而不消失，称持久黄体。

(1)病因 由于饲料中缺乏微量元素、维生素 A 及维生素 E，运动不足，子宫炎及体内激素分泌紊乱等都可引发持久性黄体，本病的特征是长期不发情，经过数次直肠检查，发现卵巢上的同一部位有大黄体突出。有少数病例，可以发情，但不能排卵。隔 25～30 天再进行检查，若卵巢状态和上次相似，可认为是持久黄体。

(2)治疗 肌内注射 0.4～0.6 毫克或子宫内注射 0.2～0.3 毫克氯前列烯醇。给药后第三天开始发情。发情即可配种，此病愈后一般可受胎。伴有子宫疾病应同时治疗。

(3)预防 加强饲养管理。

2. 卵巢囊肿(卵泡囊肿和黄体囊肿)

(1)卵泡囊肿 由于发育中的卵泡上皮变性，卵泡壁结缔组织增生变厚，卵母细胞死亡，卵泡液增多而形成。卵泡囊肿比黄体囊肿多，卵泡囊肿占卵巢囊肿中的 70%以上，一般多发生于奶牛 2～6 胎的产奶高峰期。

(2)黄体囊肿 由于未排卵的卵泡壁上皮发生黄体化，或者排卵后由于某些原因而黄体化不足，在黄体内形成空腔并蓄积液体而形成。

①病因 除遗传因素外，可能是舍饲牛运动不足，精饲料饲喂过多，牛体肥胖，饲料中矿物质和维生素缺乏；垂体内分泌功能失调。大量使用雌激素和马的绒毛膜促性腺激素(PMSG 或 HCG)

等。也可继发于其他生殖道炎症。

②症状 患卵泡囊肿的牛发情无规律,持续时间长。直肠检查,卵巢体积扩大,在一侧卵巢或两侧卵巢上有1个或数个囊肿的卵泡。卵泡直径一般大于2.5厘米,至少持续10天不排卵,表现慕雄狂,即性欲特别旺盛,极度不安,叫声很像公牛,常爬跨其他母牛。患黄体囊肿的牛性周期停止,不发情。

③治疗

卵泡囊肿:促黄体素释放激素(LRH)每次肌内注射400～600微克,每天1次,连注3～4天。或每次肌内注射孕酮50～100毫克,每天1次,连用10～14天,待再出现发情后再注促排卵激素。

黄体囊肿:肌内注射0.4～0.6毫克或宫注0.2～0.3毫克氯前列烯醇。

④预防 本病可通过改善饲养管理,停喂精料,给予充分运动。

(3)卵巢静止 卵巢静止是指卵巢功能减弱,或卵巢功能暂时受到扰乱而使卵巢长期休情,处于静止状态,不出现周期性活动。继续发展引起卵巢萎缩或硬化。

①病因:主要是垂体前叶的活动受到抑制,促性腺激素分泌不足;其次是因饲养管理不当,饲料量不足;饲料单一和质量差,或饲料中缺乏某些必要的营养物质。

②症状:母牛不发情,其卵巢大小、质地正常,却无卵泡,又无黄体;有些卵巢质地较硬,略小,隔7～10天后再做直肠检查,卵巢仍无变化。

③治疗:可用促性腺激素进行治疗。肌注马的绒毛膜促性腺激素(PMSG)1 500单位,发情后不配种。10天后肌内注射前列腺素,母牛发情后可配种;肌内注射促卵泡素,每天2次,连注3～4天,发情后不配种。10天后肌内注射前列腺素,母牛发情后可配种。

(四)胎衣不下

胎衣不下又叫胎衣停滞。指母牛产出胎犊后,胎衣垂出于阴门或不垂出于阴门外滞留 12 小时以上。胎衣不下以年老而高产牛多发,夏季比冬春发病多,其发病率在 10%～30%。本病虽不引起死亡,但使产奶量降低,也是子宫内膜炎发生的主要原因,招致屡配不孕。

1. 病因

(1)日粮不平衡,营养不全面　饲料单一,品质不良,矿物质、维生素缺乏或不足,或精饲料喂量过多,运动不足,机体过肥。

(2)产后子宫收缩乏力、弛缓　难产时由于长时间子宫的强烈收缩、使子宫肌肉疲劳而继发子宫乏力。早产、流产、内分泌失调,影响胎盘成熟和产后子宫正常收缩。胎儿过大、胎水过多、双胎,使子宫肌过度紧张而产后乏力。

(3)子宫内膜炎症而引起的胎盘粘连　子宫内膜炎、布氏杆菌病时,常可引起胎盘充血、水肿和炎症而影响母牛胎盘的分离。

2. 诊断　全部胎衣不下,指整个胎衣停留子宫内,多由于子宫坠垂于腹腔或脐带断端过短所致。外观仅有少量胎膜悬垂阴门外,或看不见胎衣。阴道检查时可发现胎衣不下,患牛无任何表现,仅见一些头胎牛有举尾、拱腰、不安和轻微努责。部分胎衣不下,指仅少部分胎盘粘连,大部分胎衣脱落而悬垂阴门外。垂于阴门外的胎衣,初为粉红色,因长时悬垂于后躯,极易受外界污染,可见胎衣上附着粪便、草屑、泥土。粪尿浸渍发生腐败,尢以夏季炎热天气显著。胎衣色呈熟肉样,有剧烈难闻的臭味,子宫颈开张,阴道内温度增高,积有褐色、稀薄腥腐臭的分泌物。

3. 防制　对胎衣不下病牛的治疗,大致从药物治疗、手术剥离及辅助疗法着手。手术剥离是一种传统的方法,简单、快速,曾被广泛应用,一般在产后 18～36 小时进行。手术剥离后进行多次子宫冲洗，同时向宫内投放抗生素药物，如土霉素、四环素等，防止出现全身症状。但该方法存在诸多缺点，如在操作过程中易损伤子宫阜（母体胎盘），污染子宫，并且劳动强度较大，所以在兽医临床上已不提倡应用，而逐渐代之以药物治疗。应用促进子宫收缩的药物，排出胎衣。最常用的催产素，在母牛产后肌内注射或皮下注射 50～100 单位，即可引起子宫较强的收缩；应用抗菌或杀菌药物，在母牛产犊后。向其子宫投入抗菌或杀菌药物，如应用广谱抗生素、磺胺药、无刺激性或刺激小的防腐消毒药。最好将药物放在胎衣与子宫内膜之间，隔日或每日 1 次，直至胎衣完全排出。对本病的预防主要是应注意饲料营养的合理配合及矿物质的补充，特别是钙和磷的比例要适当。产前 5 天内精饲料不要过多饲喂，应增加光照，也可肌内注射维生素 D_3 300 单位，连用 3～5 天。

（五）产后瘫痪

产后瘫痪又叫乳热症，是母牛分娩后突然发生的严重代谢疾病。此病主要发生于产后 3 日内的高产奶牛。干奶期及整个泌乳期也有发生的报道。发病随年龄的增加而增加，多发生在 3～6 胎。发过此病的母牛以后泌乳期中更易发生此病。奶牛中以娟姗牛和更赛牛的发病率为高。

1. 病因　饲料中钙、磷供应及肠道吸收和内分泌功能失调，加上胎儿生长及乳汁分泌消耗大量的钙，使血钙浓度急剧下降是本病发生的重要原因。

2. 症状　其特征是知觉丧失及四肢瘫痪，病初食欲减退或废绝；反刍、瘤胃蠕动及排粪、排尿停止；产奶量下降，精神沉郁，表现轻度不安；也有在出现不安后即呈现惊慌、哞叫、狂暴，目光凝视等。初期症状步态不稳，发抖，起立困难。出现数小时后患牛即瘫痪在地，不久出现意识抑制和知觉丧失。病牛躺卧姿势特殊，即四肢屈于体下，头向后弯于胸部一侧或头颈部呈“S”状弯曲，体温降低是此病又一特征。对此病若不及时治疗很少能够恢复,大多在12～24小时内病情恶化,最终因呼吸衰竭而死。

3. 治疗

(1)尽快使血钙恢复到正常水平　常用20%～25%硼酸葡萄糖酸钙注射液(含4%硼酸)500毫升静脉注射(时间不应少于10分钟),或用10%葡萄糖酸钙注射注射液1000毫升,或5%氯化钙注射液500毫升缓慢静脉注射。

(2)送风治疗　特别对于钙疗法反应不佳或复发的病例可采用送风治疗。机制是乳房内压上升,血管受到压迫,流入乳房血液减少,钙丧失减少。血钙(包括磷)上升,血压也上升,消除脑缺氧、缺血,使其调节血钙平衡的功能得以恢复。乳头打气之后,用宽纱布条扎住,绝大多数病例在打入空气后约半小时。即可站立,待病牛起立后,经过1小时将纱布条解除。

4. 预防　建议在产前2周开始饲喂低钙高磷饲料以刺激甲状旁腺的功能,促进甲状旁腺的分泌,从而提高吸收和动用骨钙的能力。饲喂维生素D,产后及时增加日粮中钙、磷含量,可减少发病。

(六)酒精阳性奶

1. 酒精阳性奶及发生原因　在检验中,将牛奶与68%～70%酒精等量混合后产生微细颗粒或絮状凝块现象的牛奶称为酒精阳性奶。这种奶按酸度不同可分为2种。

(1)高酸度酒精阳性奶(18°T～21°T)　主要是挤出的奶由于容器与挤奶卫生不合格或未及时冷却,奶中的微生物迅速繁殖,分解奶中的乳糖而产生乳酸,使奶的酸度增高,从而酒精检验呈阳性。此外,母牛生殖器官患病时所产的奶、患乳房炎所产的奶以及初乳等,酒精检验也呈阳性。这样的奶加热后凝固,含有大量的细菌,为不合格奶。

(2)低酸度酒精阳性奶(11°T～18°T)　是挤出的奶加酒精呈阳性的奶,称为酒精阳性奶。这种奶不是放置后变质的奶,可以食用,评为二等奶。这种奶加热煮沸不凝固,煮沸后加酒精不再出现絮状物。

正常奶酸度为16°T～18°T,酒精阳性奶与正常奶酸度相似,而且干物质、粗蛋白质、脂肪、氨基酸、pH值与正常奶区别不大,可以食用。

2. 酒精阳性奶的防制　酒精阳性奶是由奶牛代谢与过敏引起的奶质变化,不同于乳房炎细菌感染所致的奶质变化。由于酒精阳性奶是由各种应激引起的乳腺功能障碍性疾病所导致,因此应注意以下问题。

(1)加强饲养管理　根据不同生理阶段的营养需要合理供应日粮,如给牛过多投给精饲料而缺乏优质干草,或单纯投给青饲料而缺乏干草时,会因纤维素不足使瘤胃正常代谢紊乱,产酸过多引起醋酮血病与酸中毒。因此,应特别注意防牛偷吃饲料。如实行奖励饲养应逐步加料,每天的料分3次投给,切忌一次投给全天饲料。特别是高产牛喂的精料多,如一次性投给全天饲料会引起瘤胃酸中毒,容易死牛。不要突然更换饲料,严禁饲喂发酵、变质、腐败的饲料。

钙与维生素D投给时注意磷、钙平衡,切忌过多投给高钙饲料。特别是缺乏维生素D情况下,容易发生软骨病与钙过多吸收。镁与钠不足或矿物质比例不当,奶中镁与钠过低也可发生酒精阳性奶。

钙过多引起磷吸收障碍也会产生酒精阳性奶。正常奶中蛋白结合钙占60%,磷酸钙与柠檬酸钙占30%,游离钙占10%。如乳腺功能下降,合成酪蛋白能力下降不能与钙充分结合,游离钙增高,也是发生酒精阳性奶的主要原因之一。

(2)改善环境条件　酷热、突然降温温差超过2℃,降雨、过劳、阴暗潮湿、氨气超标、噪声、运输等应激条件下发生的内分泌失调，特别易使高产牛发生酒精阳性奶。为此，应给奶牛创造稳定、安适的环境。

(3)诊断疾病，及时治疗　各种疫病并发乳腺功能下降，如发生口蹄疫、弓形虫、子宫炎、代谢病时，侵害肝、肾、心脏与乳腺，均可发生酒精阳性奶。

①弓形虫病免疫　当前牛弓形虫病发病相当严重，它引起牛高热不退，破坏免疫系统，导致各种疾病感染，因此应及早使用弓形虫灭活苗进行防治。

②药物疗法　平衡代谢功能与改善乳房内环境，可用10%氯化钠注射液400毫升、5%碳酸氢钠注射液400毫升、25%葡萄糖注射液500毫升、20%葡萄糖酸钙注射液250毫升静脉注射，每天1次，连用3～5天；或柠檬酸钠50克口服，每天2次，连用5～7天；或磷酸氢二钠40～60克口服，每天1次，连用7～10天或丙酸钠140～160克口服，每天1次，连用7～10天；碘化钾7克口服，清洁水100毫升混合灌服，每天1次，连用5天；或改善乳房内环境，可在乳房内注入5%碳酸氢钠注射液，挤奶后每乳头注入注射液50～100毫升，连用2～3天；或0.1%柠檬酸钠注射液50～100毫升注入乳头，连用3～5天，每天1～2次。

调节乳腺毛细血管通透性，可肌内注射维生素C。为恢复乳腺功能可用2%甲硫基脲嘧啶注射液20毫升，一次肌内注射。与维生素B_1合用效果更好。

(七)乳房水肿

分娩前后乳房水肿是奶牛的常见病之一，尤其是第一胎及高产奶牛发病较为常见。分娩前后乳房出现轻度水肿是一种正常的生理现象。由妊娠造成的乳房水肿，面积小，症状轻，一般在产后15天左右可自行消退。但是严重的乳房水肿属病理性的，若不经治疗很难自行消退，并且持续时间较长，有的持续数十天甚至长达整个泌乳期。由乳腺炎引起的乳房水肿局限于乳房底部，仅少数波及乳镜，除有热痛感觉外，乳汁变坏，也属于病理现象。由于水肿的影响将带来下列不良后果：一是泌乳量降低，奶的品质下降，乳腺萎缩；二是诱发乳房炎及漏奶；三是乳房的正常支撑结构长期受到水肿的压迫而发生改变；四是挤奶时间过长及机械性的刺激易发生血奶。

1. 病因　分娩前后乳房血流量明显增加，淋巴生成增多，淋巴回流受阻，毛细管流体静压升高，渗透性增加，使血液中水分渗入组织间隔，造成水肿；机体内分泌功能增强；分娩前高精料饲养，饲料中矿物质比例失调，日粮中氯化钠含量的增加会加重乳房水肿。奶牛机体抗氧化功能异常，内毒素代谢紊乱。

2. 症状　一般无全身症状，大多数发生于初产母牛或高产牛，从分娩前1个月到接近分娩期间突然出现乳房水肿，特殊地增大。乳房的皮下及间质发生水肿，以乳房的后部和底部更为突出，严重时将蔓延至前胸、阴门及两后肢。随着病情发展继发起立困难。由于乳房和乳头极易受损伤，所以有时能引起乳房炎。从乳头基部和乳池的周围水肿波及乳房全部，水肿部皮肤发红发亮，无热无痛，指按有压痕。水肿的乳头变得粗而短，使挤奶发生困难。除此之外，还有发生乳房中隔水肿的。多数病牛从分娩前就表现食欲不振，到分娩后7天左右，乳房膨胀，急剧下垂，浆液集中积于中隔时，致使后肢张开站立，母牛运动困难，易遭受外界损伤，并发乳房炎后，病状显著恶化。

乳房水肿病程长时，水肿部由于结缔组织增生而变硬实，逐渐蔓延到乳腺小叶间结缔组织间质中，使后者增厚，引起腺体萎缩，如整个乳房肿大而硬结时，产奶量显著降低。

3. 治疗　对治疗本病比较有效的方法是给予利尿剂，利尿剂给予时间，对乳房水肿的消退有很大的影响，在分娩后48小时以内，应尽量在分娩后早期开始给药。速尿（初次量按0.5～1毫克/千克体重，以后根据病情可酌情减量）与生理盐水250毫升，配合一次静脉注射。给予利尿剂可丧失体内水分，所以要注意及时观察脱水症状。

50%葡萄糖注射液500毫升，5%葡萄糖生理盐水500毫升，10%安钠咖注射液30毫升，地塞米松注射液20毫升，混合一次静注。根据病情每日1～2次，连用2～4次。如在产前治疗时，不能用地塞米松类药物，以免发生早产。

另外，对于中隔水肿的病牛，对中隔的病灶可进行穿刺，或切开以排出渗出液，用浸透0.1%雷佛奴尔或呋喃西林的纱布条引流，促使水肿早日消退。为防止细菌感染，要注意消毒处理伤口，肌内注射青霉素200万单位，每日2次。

4. 预防 严格控制精饲料喂量，一般在临产前日喂量控制在4～6千克；限制食盐的用量，用量一般占全价日粮的1%；精饲料应营养均衡，最好使用产前料。

为了促使乳房血液循环，促进水肿消退，从分娩几日后就要开始让牛适当运动。同时，适当减少精饲料及多汁饲料，控制饮水量，增加挤奶次数，每次挤奶时用温水（50℃～60℃）热敷，反复按摩乳房，奶要挤净。病程较长而严重的水肿，应停喂多汁饲料，每次挤奶按摩时间不少于20～30分钟。

二、肢蹄病

腐蹄病

1. 病因 腐蹄病是奶牛常发的蹄病。饲养管理不当，牛运动不足，是其诱因。主要由于牛床及运动场铺设不平，蹄底过度磨损，异物刺伤而被坏死杆菌和化脓菌感染，加之蹄部经常浸泡于粪尿污水之中，促使该病发生。患蹄肿大发热，趾间皮肤充血肿胀，伤口感染溃烂，并有恶臭的炎症分泌物排出，继而蔓延至蹄冠、蹄后部，亦可侵害腱、韧带、关节，形成化脓性炎症。有时蹄底溃烂，形成大小不等的空洞，其中充满污灰色或黑褐色坏死组织及恶臭的脓液。此病多发于两后蹄，若仅一蹄患病，牛常将患蹄提起，以健蹄跳跃行走，影响采食和繁殖功能，产奶量下降。若两后蹄患病，牛则喜卧而不愿行动，不愿站立，时间长后易引起褥疮，并发感染。

2. 治疗　遇有跛行及蹄部异常时应立即检查蹄部，尤其要洗净检查蹄底蹄叉，轻度腐蹄病仅限于浅层时，用3%～5%高锰酸钾羊毛脂软膏涂敷；蹄部肿胀、跛行明显时，应用1%高锰酸钾温液脚浴疗法；若蹄底已烂出空洞并有脓液及坏死组织时，可用消毒液洗净蹄部，用剪刀将坏死组织彻底清除再用5%浓碘酊消毒，撒上抗菌药，外用福尔马林松馏油棉塞塞上，包扎上绑带。后再用防水塑料布包住蹄部，2～3天换药1次。

3. 预防　加强饲养管理，保证营养供给，注意厩舍和运动场的清洁、卫生和干燥。

三、内 科 病

(一)酮　病

酮体是乙酰乙酸、β-羟丁酸和丙酮3种物质的总称。是脂肪酸在肝中分解时的正常中间产物。肝产生酮体，经血液循环至肝外组织（肌肉、心肌、脑和肾），这些组织有活力很强的利用酮体的酶，能氧化酮体供能。正常情况下，肝中产生酮体的速度与肝外组织分解酮体的速度差不多，因而体内酮体含量很少。但有些情况下，产生的酮体多于肝外消耗的量，酮体在体内积蓄，这就是酮病。

多发生于缺乏运动的饲喂富含蛋白质和脂肪的高产舍饲奶牛。大多数病例发生于产后2～6周体况良好的母牛。

1. 病因 酮病主要是由于饲喂高蛋白、高脂肪、低糖饲料和其他原因使酮体在体内蓄积而出现消化功能障碍和神经症状的疾病，高产奶牛比较常见。

此病多发生在产奶最高峰之前。是由于在产奶量急剧增加、能量需要也不断增加的情况下，有的由于饲料配给不能满足需要，有的因机体条件不适应当时情况，引起血糖降低而导致此病的发生。因此，多发生于能量要求高的第三至第六胎的高产奶牛。另外，因各种环境刺激因素引起激素代谢失调或者给予丁酸发酵青贮的情况下，酮体产生过剩而引起常见的酮病。此外，当病牛患消化器官、子宫和肝脏等疾病时，也可引起继发性酮病。

2. 症状 本病的主要症状是精神沉郁、食欲减退、产奶量急剧下降、尿或奶呈现酮体阳性反应。临床上可分为4种类型。

(1)消化道型 临床上大部分是这种类型，此型多发生于分娩后的2周以内。病牛厌食精饲料和青贮，只喜欢吃干草，腹围收缩、明显消瘦。在左肷部听诊，多数情况下可听到与心音音调一致的血管音。

(2)神经型 此型病牛突然出现咬牙、狂躁、兴奋、步态蹒跚、眼球震颤、转圈运动等神经症状。甚至有时啃咬自己的皮肤，虽然此型症状比较重，但如果进行适当的治疗后，神经症状很快就能消失。

(3)产后瘫痪型 此型病牛多发生在分娩后数日内，病牛虽然呈现产后瘫痪的症状，但给予钙剂治疗也不见效。

(4)继发型 此型继发于真胃、子宫、肝脏或乳房炎等疾病，症状因原发病不同而有差异。

3. 诊断 根据奶牛的饲养状况、产后时间(多发生在4～6周)、减食、少乳，以及神经过敏症状和呼吸气体丙酮气味(似苹果的芳香味)，就可初步诊断。通过生化试验结果，特别是通过血酮、尿酮、血糖等化验结果做综合判断，是完全可以确诊的。

4. 防治　本病大多由于饲养管理不当引起的，所以应当尽量改进饲养管理方法，从预防上下功夫。产奶盛期容易引起糖分不足，所以在按照奶量给予精饲料的同时，应避免给予质量低劣的青贮，特别是丁酸发酵的青贮，增喂青干草、胡萝卜等含糖和维生素丰富的饲料。据报道，有人从分娩前至分娩后1个月期间，给牛内服糖蜜和丙二醇等糖源，有一定的预防效果。建立酮病检测制度，及时发现隐性酮病患牛，凡检测可疑或阳性者，一律尽早补糖、补钙，防止病情加重。

治疗过程中，以高浓度葡萄糖(25%～50%葡萄糖500～1 000毫升)为主剂，在混合注射保肝和维生素等制剂的同时，还应给予肾上腺皮质激素(醋酸可的松或醋酸氢化可的松)或有机酸盐类(乳酸钠或乳酸钙)等则会更有效；对神经型酮病，静脉注射25%硫酸镁注射液200～500毫升或20%葡萄糖酸钙注射液250毫升有效；在继发型酮病时，重点要治疗其原发病。另外，对并发严重脂肪肝变的酮病牛，应参照肥胖母牛综合征的治疗方法进行治疗。

(二)瘤胃酸中毒

乳酸是碳水化合物发酵转化为挥发性脂肪酸的正常中间产物。瘤胃中乳酸产生过多，瘤胃微生物利用不完积聚的乳酸时，瘤胃内酸度大大增加，引起的全身代谢性酸中毒。以1～3胎的奶牛发病最多，7胎后的发病较少。一年四季均可发生，但以冬、春季较多。临产牛和产后3天内的奶牛发病较多。发病与产奶量成正比关系，产奶量愈多，发病率愈高。

1. 病因　健康牛瘤胃内微生物群落，在瘤胃内进行胃内容物的正常发酵，并维持胃液pH值。在日常的饲养管理中，由于饲喂精饲料量过高，而粗饲料缺乏，精、粗饲料比例失调，不遵守饲养制度，突然更换饲料。在分娩前，产犊后泌乳高峰期精饲料量不加限制饲喂，或突然改变配方大量添加富含碳水化合物的饲料。饲喂的青贮饲料酸度过大，引起乳酸产生过剩，导致瘤胃内 pH 值迅速降低。其结果因瘤胃内的细菌、微生物群落数量减少和纤毛虫活力降低，引起严重的消化紊乱，使胃内容物异常发酵，结果导致酸中毒。

2. 症状 本病发病急，病程短，常无明显前驱症状，多于采食后 3～5 小时死亡。临床症状因饲喂饲料种类而不同，但其共同的特征性症状是食欲减退或废绝，脱水和排泄酸臭的稀便。病症较轻的病例，只有一时性的食欲降低，瘤胃蠕动减弱，轻度的脱水和排泄软便，若病情没有进一步发展，往往于 3～4 天后可自然恢复。症状加重就会出现严重的中毒症状，食欲完全废绝，瘤胃停止蠕动，排泄酸臭的水样稀便。头、颈、躯干平卧于地，四肢僵硬，角弓反张，呻吟，磨牙，兴奋，甩头，而后精神极度沉郁，全身不动，眼睑闭合，呈昏迷状态。过食豆类时，粪便呈糊状腐败臭，并呈现狂躁不安的神经症状，最后发展成为酸中毒。结果导致瘤胃内的渗透压明显增高，大量的液体向瘤胃内渗透，瘤胃内积液使机体发生严重的脱水状态。眼球明显凹陷，症状进一步发展后，病牛步态蹒跚，卧地，姿势与生产瘫痪相似，不久便不能起立陷于昏迷状态而死亡。经抢救未死亡的重症牛，往往继发代谢性蹄叶炎。

3. 诊断 根据临床症状可以初步诊断，有条件的饲养场应结合实验室检测结果，进行综合判断和分析，才能得出正确诊断。

4. 防治 本病的治疗原则是解除脱水和酸中毒，中和瘤胃内过多的乳酸。

在临床上如果出现腹泻症状，应立即中止给予精饲料，要给予优质干草或稻草。一般轻症病例仅用变换饲料的办法经 3～4 天就能恢复。严重病例病情恶化较快，稍有耽误很可能死亡，所以应该早诊断早治疗。

在临床治疗中,对轻症病例,用碳酸钠粉 300～500 克,姜酊 50 毫升,龙胆酊 50 毫升,水 500 毫升,一次灌服。或每日灌服健康牛瘤胃液 2 000～4 000 毫升。

对于严重病例要进行瘤胃冲洗,即用内径 25～30 毫米粗胶管经口插入瘤胃,排除胃内液状内容物,然后用 1%食盐水或自来水反复冲洗,直至瘤胃内容物无酸臭味而呈中性或弱碱性为止。

为了纠正体液 pH 值,补充碱贮量,缓解酸中毒,常用 5%碳酸氢钠注射液,每次 500～1 000 毫升,再加入 20%安钠咖注射液 20～30 毫升。连续静脉注射,直至脱水和酸中毒解除为止。也可用山梨醇或甘露醇注射液 300～500 毫升一次静脉注射。

补充水和电解质常用 5%葡萄糖注射液或复方氯化钠注射液,每次 2 000～2 500 毫升。病初量可稍大。

防止继发感染可用抗生素,如庆大霉素 100 万单位,或四环素 200 万～250 万单位,一次静脉注射,每天 2 次。

如果通过其他手段治疗无效时,可以切开瘤胃除去胃内容物,然后向瘤胃内移植大量的健康牛瘤胃液并给予健胃剂。

预防措施:牛只每天运动 1～2 小时,泌乳高峰期需要增加精饲料时,要按日逐渐增加喂给量,切不可突然增量,并注意精、粗饲料比例。干奶期奶牛的营养水平不应过高,严禁增料催膘、催奶和偏饲,每天应保证供给 1.5～2 千克干草。精饲料饲喂量高的奶牛场,日粮中可加入缓冲剂碳酸氢钠 2%或氧化镁 0.8%。

四、寄生虫病

牛焦虫病

牛焦虫病是由焦虫科焦虫属中的双芽焦虫和巴贝斯焦虫引起的一种急性疾病。本病有明显的季节性,常呈地方性流行,多发于夏、秋季节和蜱类活跃地区。

1. 病原

(1)双芽焦虫　本病由突尾方头蜱及有矩方头蜱传播。这种原虫在蜱体内分裂繁殖后侵入牛体,虫体寄生于牛的红细胞内,通过出芽法进行两分裂,由于分裂中的形态与梨籽相似,所以被称为双梨籽状原虫,红细胞感染率为10%～15%。双棘吸血蜱吸入了寄生原虫的红细胞后,在吸血蜱的消化道内发育并侵入卵巢,原虫通过卵转移给下代的幼蜱,这种幼蜱在吸取未感染牛的血液时而感染原虫。另外,若蜱也具有感染能力。由双芽焦虫致2岁以内的牛感染率高,但症状不明显,死亡率低,易耐过。成年牛感染率低,但发病后病情严重,死亡率高。

(2)巴贝斯焦虫　宿主特异性很强,一般不感染牛属以外的动物。该虫体寄生在牛的红细胞内,可出现环形、椭圆形、单个或呈双梨形等。红细胞感染率一般为5%～7%,但有的可达5%～30%。1～7月龄的犊牛多发,病情较重,死亡率较高。8月龄以上的牛发病较少,成年牛多呈带虫者。

2. 症状　本病的潜伏期为8～15天,成年牛多为急性经过。病初出现体温上升至40℃以上,呈稽留热,以后下降多变为间歇热。病牛黏膜苍白,呼吸及心跳加快,肌肉震颤,食欲减退,反刍停止,精神沉郁,产奶量急剧下降。一般在发病3～4天后出现贫血、黄疸并排泄明显的红褐色尿液,此为本病特征。一般认为犊牛对这种原虫感染的抵抗力较强,而成年牛则较弱。被感染病牛迅速消瘦及衰弱,全身无力,起立及行动艰难,不能迈步,有时卧地不起,妊娠牛大多流产,严重的在发病后1周内死亡。

3. 诊断　根据流行病学的调查和临床症状,特别是有传播蜱存在的地方,病牛有高热、贫血、血尿时就可怀疑本病。死后剖检牛的脾脏肿大,可视黏膜黄染、皮下结缔组织发黄、水肿、血凝不全,膀胱内积有血色尿液,则更可怀疑。但确诊必须做血液涂片,用姬姆萨液染色检查出虫体才能确定。

4. 治疗　对于贫血严重极度衰弱的病牛，首先要注射强心剂，同时要进行输液或输血疗法。作为杀虫剂可选用下列药物。

(1)灭焦敏　对牛泰勒焦虫病有特效，对其他焦虫病也有效，治愈率达90%～100%，灭焦敏是目前国内外治疗焦虫病最好的药物。其主要成分是磷酸氯喹和磷酸伯氨喹啉。片剂，牛每10～15千克体重服1片，每日1次，连服3～4天；针剂，牛每次每千克体重肌内注射0.05～0.1毫升，剂量大时可分点注射。每日或隔日1次，共注射3～4次。对重病牛还应同时进行强心、解热、补液等对症疗法，以提高治愈率。

(2)血虫净(贝尼尔)　可每千克体重5～7毫克，以注射用水配成5%溶液，臀深部肌内注射，隔日1次，连用3次即可。

(3)黄色素(盐酸吖啶黄)　每千克体重3～4毫克(一般每头牛最大剂量不超过2克)，以生理盐水制成0.5%～1%注射液静脉注射。必要时可隔1～2天再注射1次。

5. 预防　在放牧初期的牛群中，如果发现眼结膜和阴道黏膜苍白、发烧、排红色尿等症状的牛时，应该首先怀疑本病。处置时要使病牛保持绝对安静，在放牧场要尽可能的减轻不良环境刺激。对污染的放牧场使用喷粉法或喷雾法定期喷撒杀蜱药剂的同时，应注意改良放牧场和整理环境，使蜱难以生存。另外，非感染放牧场必须注意不能轻易地从污染的牧场引进牛只。

五、中毒病

(一)尿素中毒

尿素是动物体内蛋白质分解的最终产物。工业合成的尿素含氮量为47%，在农业上广泛应用的一种速效肥料；它又可以作为牛的蛋白质饲料，也可用于秸秆的氨化。1 千克尿素相当于 2.8 千克蛋白质的营养价值。其含氮量相当于 7～8 千克豆饼，或相当于 26～28 千克谷物饲料中的蛋白质。因此，利用尿素或铵盐加入日粮以代替蛋白质来喂牛在生产中已广泛采用，但在日粮中配合过多或搅拌不均匀，或在尿素施肥的地区放牧误食，均可导致牛尿素中毒。

1. 病因 尿素和许多非蛋白氮化合物是较好的蛋白质替代品，常用作饲料添加剂，如尿素、双缩脲和铵盐(硫酸铵、醋酸铵、氯化铵等)。当饲喂过多，或喂法不当，或被大量误食时，非蛋白氮在瘤胃中能产生大量的氨，而瘤胃微生物来不及加以利用，大量的氨经瘤胃壁进入门静脉，而后进入肝脏，并超过肝脏合成尿素的能力，致使血氨增高，即可中毒。氨对机体，是一种侵害神经系统的物质。奶牛中，幼龄犊牛、低蛋白日粮和饥饿等情况对尿素的耐受性降低。

2. 症状 牛过量采食尿素后 30～60 分钟即可发病。病初表现沉郁、痴呆，继而呈现不安，呻吟，流涎，肌肉震颤，体躯摇晃，步态不稳；反复痉挛，呼吸困难，脉搏增数，每分钟可增至 100 次以上，从鼻腔和口腔流出泡沫样液体。末期全身痉挛出汗，眼球震颤，肛门松弛，几小时内死亡。

因中毒而死亡的牛常极度臌胀，尸体迅速分解。死亡不久，瘤胃内容物有氨气，pH 值高达 7.5 以上。剖检可见胃黏膜发黑，皱胃及肠道有出血点，有的病例见肺出血。可采集饲料、全血或血清、瘤胃液和尿液做氨含量的分析，进行实验室诊断。

3. 防治 发现牛尿素中毒时，最好的方法是大量灌服冷水，并灌服食醋或醋酸等弱酸溶液，如 1%醋酸 1 升，糖 250～500 克，水 1 升，或食醋 1～2 升，加水 1 升，1 次内服。其目的是降低瘤胃 pH 值，减少尿素的分解，氨与醋酸形成醋酸铵，减少氨的吸收。当中毒病牛发生急性瘤胃臌气时，必须立即进行瘤胃穿刺放气，速度不能过快，金霉素按 10～20 毫克/千克体重，一次灌服，每天2～3 次；停喂可疑饲料，静脉注射 10%葡萄糖酸钙注射液 200～400 毫升，或静脉注射 10%硫代硫酸钠注射液 100～200 毫升，同时应用强心剂、利尿剂、高渗葡萄糖等疗法。

对本病的预防主要是严格化肥保管使用制度，防止牛误食尿素。用尿素作饲料添加剂时，对牛饲喂尿素，严格掌握用量，应从少到多，且始终不能超过安全量。如体重 500 千克的成年牛，用量不超过 150 克/天。尿素以拌在饲料中喂给为宜，不得化水饮服或单喂，喂后 2 小时内不能饮水。如日粮蛋白质已足够，不应加喂尿素。犊牛不应使用尿素。尿素不宜与生大豆、豆粕等混合饲喂，以免尿素被破坏。受雨淋或潮解的尿素停止使用。

(二)棉籽饼中毒

棉籽饼是一种富含蛋白质、磷等营养物质的精饲料，可作为奶牛蛋白质的补充饲料。其蛋白质含量 33%～40%。棉籽饼含有 0.04%～2.5%的棉酚，它是一种萘的衍生物，可分为结合棉酚和游离棉酚 2 种。结合棉酚是指棉酚与蛋白质、氨基酸、磷脂等结合物的总称，它不溶于油脂中，不能被肠道消化，因此被认为是无毒的。而未与上述物质结合的游离棉酚则有毒性，且容易被肠道吸收，有损害血红蛋白的作用，导致溶血。棉酚还能使神经系统发生紊乱，引起不同程度的兴奋和抑制。同时，棉酚是一种缺乏维生素 A 和钙的饲料，若长期单一饲喂，又可引起牛的消化、泌尿等器官黏膜变性，严重者出现夜盲症。有些地区牛的尿结石发病率很高，一般认为这与泌尿器官的上皮变性有关。

1. 病因　棉籽饼中毒是指长期饲喂多量的棉籽饼，有毒的棉酚在体内特别是在肝中蓄积，结果所引起的一种慢性中毒性疾病。其临床特征是胃肠炎、肝炎、神经症状，以及脱水和酸中毒。本病的发生不仅与其喂量、加工调制有关，而且与奶牛的品种、年龄、生理状况及日粮平衡有直接关系。

(1)与加工处理的关系　棉酚存在于棉籽中的色素腺中，由于提油时所用的溶剂和方法不同，其棉酚含量不尽相同。加热至100℃经1小时，或70℃经2小时，可使棉酚及其活性丧失；漂浮、浸泡能将棉酚从色素腺中去除，使毒性消除。否则，可引起中毒。

(2)与牛年龄的关系　犊牛阶段因其瘤胃发育不全，故对棉酚有一定的易感性。棉籽饼对成年牛的饲养是十分安全的，通常不引起中毒，其主要原因是棉酚在发育完善的瘤胃中，游离棉酚能被细菌和瘤胃可溶性蛋白质所结合，其结果是形成的结合棉酚毒性丧失，而这一进程始终不变地在牛的消化过程中进行着。

(3)与牛品种的关系　奶牛品种不同，其反应各异。如相同棉酚不引起泽西牛毒性，而可引起荷兰犊牛死亡；水牛易感性低，黄牛虽不中毒，但夜盲症多；阿塞拜疆红牛抵抗力高于苏联水牛。

(4)与日粮水平的关系　日粮水平与棉籽饼中毒的发生有关。日粮平衡，牛采食全价饲料其易感性降低，用不平衡日粮喂牛，特别是饲料中维生素A不足或缺乏，蛋白水平过低，都可能使易感性增高。这是因为维生素A缺乏，导致器官上皮细胞变性、角质化，因而棉酚对全身内皮细胞中毒作用增强。在低蛋白日粮的条件下，瘤胃中形成的结合棉酚降低，而游离棉酚水平增加，毒性作用强。因此，认为水牛、黄牛易感性高于奶牛，可能是由于日粮蛋白水平低，易感性增高所致。

2. 症状　根据病程分急性和慢性中毒。

成年牛急性棉籽饼中毒其实质是瘤胃积食；慢性中毒其实质是维生素A缺乏症。患牛急性发作，食欲不振，产奶量剧减，体温正常，有的见神经兴奋不安，运动失去平衡，全身肌肉发抖，黏膜发绀，心音减弱。脉搏增数至100次/分，前胃弛缓，肠蠕动减弱，便秘，排出带黏液粪便，后腹泻，脱水，酸中毒。急性者，经2～3天，死亡率达30%左右。慢性者，由于维生素A缺乏，症状不明显，仅见消瘦、夜盲症、尿石症；有的常继发呼吸道炎症，以及慢性增生性肝炎和黄疸；妊娠母牛流产；尿呈红色。犊牛中毒后，食欲下降，胃肠炎，腹泻，呈佝偻病症状，也有黄疸、夜盲和尿石症的发生。公牛经常举尾，频频做排尿姿势，尿淋漓或尿闭，尿液浑浊呈红色。

3. 治疗　无特效的治疗方法，主要是对症治疗。本病的预后视中毒的程度不同而各异。当长期大量饲喂未经去毒的棉籽饼时，其病程短、病情重，如治疗得当，多预后良好，但也有发生死亡者。

发现棉籽饼中毒应立即停喂。中毒初期可用0.05%～0.1%高锰酸钾溶液或2%碳酸氢钠溶液洗胃。

静脉注射25%葡萄糖注射液500～1 000毫升、20%安钠咖注射液10～20毫升。投服泻剂以清除未吸收的毒物，硫酸镁500～1 000克，加水一次灌服。

4. 预防　棉籽饼应进行脱毒处理并控制喂量，哺乳期犊牛和妊娠后期母牛不宜饲喂棉籽饼，成年牛饲喂量要控制在精饲料的5%～15%，最好喂2周停喂1周。在长期饲喂棉籽饼时，要注意日粮配合。饲料应多样化，可与青绿饲料和多汁饲料等搭配，要防止单纯化。要有丰富的蛋白质、维生素和矿物质饲料，特别是维生素A、钙及硫酸亚铁的供应。

（三）亚硝酸盐中毒

1. 病因　许多富含硝酸盐的饲料，如甜菜、萝卜、马铃薯等块茎类，以及油菜、小白菜、菠菜、青菜等叶菜类，在加工、调制过程中方法不当，或保存不好，发生腐烂或堆放发热时，使硝酸盐变为亚硝酸盐，牛食后引起中毒；饮用含硝酸盐化肥污染的水也能引起中毒；过多采食含硝酸盐丰富的饲草如燕麦、幼嫩的玉米秸等，经瘤胃微生物作用也可生成亚硝酸盐引起中毒。亚硝酸盐被吸收后，可使血红蛋白变成高铁血红蛋白，临床上呈缺氧综合征。

2. 症状 通常在大量采食后0.5～4小时内突然发病。本病的早期症状是尿频。病牛初期呼吸增快，以后变为呼吸困难，眼结膜发绀。脉速而弱，血液呈咖啡或酱油色。表现精神沉郁，肌肉震颤，站立不稳，步态蹒跚。严重时角弓反张，全身无力，卧地不起。过度流涎，有腹痛。耳、鼻、四肢以及全身发凉，体温下降至常温以下，倒地痉挛，口吐白沫，常于12～24小时内死亡。尸检所见血液凝固不良，呈黑红色，但暴露空气中经久不能变为鲜红色。全身血管扩张。胃肠黏膜充血、出血。气管黏膜出血，肺淤血。心脏有点状出血，肝脏、脾脏淤血、肿大。胆囊膨大，其中充满稀薄状胆汁。肾脏充血、出血。慢性中毒时，病牛出现发育不良，腹泻、跛行，走路强拘，虚弱，受胎率低，流产等。

3. 诊断 本病的诊断应建立在大量的临床检查和实验室检查的基础上。典型症状是饲喂半小时后突然发病，心跳快而弱，呼吸增数，尿频，眼结膜发绀，口流白沫，死前卧地痉挛等。实验室检查瘤胃内容物、血浆、血清、尿液、饲草和饮水中的硝酸盐和亚硝酸盐的含量增高及高铁血红蛋白血症是诊断本病的依据。

4. 治疗

(1)西药疗法 治疗亚硝酸盐中毒，应用特效解毒剂美蓝或甲苯胺蓝，同时应用维生素C和高渗葡萄糖。1%亚甲蓝液(亚甲蓝1克，纯酒精10毫升，生理盐水90毫升)，每千克体重0.1～0.2毫升，静脉注射；同时应用5%维生素C液60～80毫升，静脉注射。以及静脉注射50%葡萄糖注射液300～500毫升。此外，向瘤胃内投入抗生素和大量饮水，阻止微生物对硝酸盐的还原作用。其他对症疗法，可用泻剂，加速消化道内容物的排出，以减少对亚硝酸盐及其他毒物的吸收。为纠正休克、兴奋呼吸、强心、利尿解毒，可用尼可刹米注射液20毫升或樟脑油注射液20毫升或安钠咖注射液20～50毫升等，皮下或肌内注射。

(2)中药疗法 解毒汤：绿豆粉500～750克，甘草末100克，开水冲调，灌服。

5. 预防　预防的关键是清除所有的含硝酸盐成分的饲草和饲料，以及有效地制止硝酸盐转化为亚硝酸盐过程等。对叶菜类饲料要尽量摊开放置，严禁堆放。受雨淋、变质时要停喂。据报道，叶菜类（以青菜为例）在新鲜时含亚硝酸盐 0～0.1 毫克/千克，自然放置到第四天为 2.4 毫克/千克，6～8 天发生腐烂时，含量可达 340～384 毫克/千克。合理搭配饲料，要有丰富的碳水化合物饲料；当硝酸盐或亚硝酸盐污染饮水时，应密切注意防范。

在种植饲草或饲料的土地上，限制施用家畜的粪尿和氮肥，以减少其中硝酸盐含量；对含有硝酸盐的饲草和饲料，在饲喂量上要严格控制，或只饲喂硝酸盐含量低的作物（禾本科牧草除外），或谷实部分，或与无硝酸盐饲草和饲料混饲。至于病牛或体质虚弱犊牛应禁止饲喂上述的饲草和饲料更为安全；饲喂富含碳水化合物成分的饲料，并添加碘盐和维生素 A、维生素 D 制剂；应用四环素饲料添加剂 30～40 毫克/千克体重，或金霉素饲料添加剂 22 毫克/千克体重，可在 2 周内有效地控制硝酸盐转化成亚硝酸盐的速度。

六、犊牛疾病

犊牛下痢

犊牛下痢是一种临床综合征，而不是一种独立的疾病。其原因很复杂，由于原因的不同，在临床上分为中毒性下痢和单纯性下痢。

1. 病因　中毒性下痢是由细菌、病毒和寄生虫感染而引起的，特别是大肠杆菌和沙门氏菌危害最大。近几年也有由于轮状病毒和冠状病毒感染而群发的报告。

单纯性下痢大部分是由于妊娠母牛营养不良，影响胎儿的生长发育，生后胎儿活力降低，体质虚弱，导致消化不良发病；犊牛饲养管理不当，由于吃奶过多或吃进酸败、变质的牛奶，饲喂犊牛的器具不卫生，未能及时清洗消毒；喂初乳过迟、量不足或不喂；饲养员不固定，饲养环境突然改变，牛舍阴暗潮湿，阳光不足，通风不良，外界环境的改变（如气温骤变、寒冷、阴雨潮湿、运动场泥泞等），都可使犊牛抵抗力降低，成为发病诱因。另外，犊牛组织器官发育不健全也可引起。发病以1月龄以内的犊牛为最多。

2. 症状 生后1周龄以内的犊牛出现下痢时，突然发病，排出白色水样下痢，大多经2～3天即死亡。一般认为主要是由于大肠杆菌所引起，生后10日龄以内的犊牛症状较轻，多呈慢性经过。病初粪便呈水样，食欲减退或废绝，病情进一步发展出现鼻黏膜干燥，皮肤弹力下降、眼球凹陷等脱水症状。不久体温降低呈虚脱状态，并发肺炎等呼吸道疾病而死亡。一般认为犊牛的中毒性下痢90%以上是与大肠杆菌有关系的，其他大都是几种病毒混合感染。沙门氏杆菌引起的下痢，多见于生后2～3周龄的犊牛，其传染力极强，死亡率也高。其特征是突然发病、精神沉郁、食欲废绝，体温升高至40℃左右。排混有黏液和血液的下痢便，也有的引起脑炎出现神经症状，由于严重的脱水和衰弱，经过5～6天而死亡。

3. 防治 对发病的犊牛要立即隔离进行治疗，加强护理。治疗原则为治胃整肠，促进消化，消炎解毒，防止脱水。对下痢脱水牛，用葡萄糖生理盐水1 000毫升，25%葡萄糖注射液250毫升，四环素75万单位，一次静脉注射；对中毒性消化不良牛，用5%碳酸氢钠注射液100毫升，25%葡萄糖注射液200毫升，生理盐水600毫升，一次静脉注射，连续2～3天；伴有肺炎牛，用氨苄青霉素80万单位、安痛定注射液10毫升肌内注射，每日2次，磺胺脒、碳酸氢钠各5克，灌服；下痢带血牛，用磺胺脒和碳酸氢钠各4克灌服，维生素K 34毫升肌内注射每日2次；犊牛下痢时，要减少或停止饲喂牛奶，应经口内服电解质液。

4. 预防　在预防上要严格掌握以下几点。

第一，加强重胎牛的饲养管理，给予全价饲料，妊娠后期每周可肌内注射维生素 A 和维生素 D。

第二，犊牛出生 1 小时内必须喂初乳，初乳量可稍大，连喂3～5 天以便获得母源抗体。

第三，坚持“四定”、“四看”、“二严”。四定：定温、定时、定量、定饲养员；四看：看食欲、看精神、看粪便、看天气变化；二严：严格消毒、严禁饲喂变质牛奶。

第四，要保持犊牛舍清洁、通风、干燥、牛床、牛栏、运动场应定期用 2%烧碱水冲刷，褥草应勤换，冬季要做好防寒保暖工作。

另外，对犊牛每天加喂土霉素 50 毫克，分 2 次混在牛奶中喂给，连吃 1～2 个月，可有效防止下痢。

第四章　高产奶牛群的繁育

一、主要乳用及乳肉兼用品种

(一)中国荷斯坦牛

中国荷斯坦牛，原称中国黑白花牛，1992年更名为“中国荷斯坦牛”(ChineseHolstein)。是我国奶牛的主要品种，分布于全国各地。

1. 品种形成　据记载，早在1840年已有荷斯坦-弗里生牛(荷兰牛)引入我国。最早由荷兰、德国及俄国引入，后由美国、日本引入。20世纪50～80年代又相继由日本、美国、荷兰等国引入。各种类型的荷斯坦-弗里生牛，在我国经过长期驯化，特别是与各地黄牛进行级进杂交和经长期选育，逐渐形成了现在的中国荷斯坦牛。经过最近20多年的高产选育和扩大群体，中国荷斯坦牛及其乳用改良牛的数量有了较大幅度的增长，并具有产奶性能高的核心群。

由于各地引用的荷斯坦-弗里生公牛与本地母牛类型不同，以及饲养环境条件的差异，目前我国荷斯坦牛的体格有大、中、小3个类型。

大型，主要引用美国荷斯坦公牛与北方母牛长期杂交并横交培育而成，成年母牛体高135厘米以上。

中型，主要引用日本、德国等中等体型的荷斯坦公牛与本地黄牛杂交并横交培育而成，成年母牛体高133厘米以上。

小型，主要引用荷兰等国的欧洲类型荷斯坦-弗里生牛与本地黄牛杂交;或用其他国的荷斯坦公牛,与体型小的本地母牛杂交而成,成年母牛体高 130 厘米左右。

2. 外貌特征　目前,中国荷斯坦牛体型外貌多为乳用体型,华南地区有少数个体稍偏兼用型。毛色多呈黑白花或白黑花,花片分明,黑白相间。额部有白斑,腹部底、四肢膝关节(飞节)以下及尾端呈白色。体质细致结实,体躯结构匀称。有角,多数由两侧向前向内弯曲,角体蜡黄,角尖黑色。乳房附着良好,质地柔软,乳静脉明显,乳头大小、分布适中。

成年公牛体重 900～1 200 千克;成年母牛体重 550～700 千克;犊牛初生重 35 千克以上。

3. 生产性能

(1)泌乳性能　据 21 905 头品种登记牛的统计,中国荷斯坦牛 305 天各胎次平均产奶量为 6 359 千克,平均乳脂率为 3.56%,重点育种场群平均产奶量在 7 000 千克以上。在饲养条件较好、育种水平较高的北京、上海等市,个别奶牛场全群平均产奶量已超过 8 000 千克。超万千克奶的个体不断涌现,仅北京市就有数百头。

(2)产肉性能　据测定,未经肥育的淘汰母牛屠宰率为 49.5%～63.5%,净肉率为 40.3%～44.4%;6 月龄、9 月龄、12 月龄牛屠宰率分别为 44.2%,56.7%,64.3%;经肥育的 24 月龄公牛屠宰率约 57%。

(3)繁殖性能　中国荷斯坦牛性成熟早,具有良好的繁殖性能,年平均受胎率为 88.8%,情期受胎率为 48.9%。

4. 选育方向和指标　1987 年,农业部和中国奶牛协会主持,已对中国荷斯坦牛进行了鉴定验收,但仍有不少地区的中国荷斯坦牛在培育之中,已培育成的也有待进一步提高,选育高产核心群。今后选育的方向是:加强适应性的选育,特别是耐热、抗病能力的选育,重视牛的外貌结构和体质,提高优良牛在牛群中的比率，稳定优良的遗传特性。对牛的生产性能选择，仍以提高产奶量为主，并具有一定肉用性能，注意提高乳脂率。

（二）娟姗牛

娟姗牛（Jersey）是英国的一个古老奶牛品种，育成历史悠久，有人认为它是由法国的布里顿牛和诺曼地牛育成，但意见仍有分歧。本品种早在18世纪已闻名于世。1866年建立良种登记簿，至今在原产地仍为纯繁。

1. 原产地的生态环境 娟姗牛原产于英吉利海峡南端的娟姗岛。岛上气候温和，年平均气温10℃左右，冬季短，夏无酷热；多雨；牧草茂盛，沿海一带杂草丛生，较好的土地牧草与作物轮作，较差的土地供作放牧；主要作物是马铃薯和蔬菜。奶牛终年以放牧为主，冬季补饲粗饲料及大量的根茎类饲料，产奶母牛另补精饲料。牧民对牛精心饲养选育。由于娟姗岛自然环境条件适于养奶牛，加之当地牧民的选育和良好的饲养条件，从而育成了性情温驯、体型轻小、高乳脂率的奶牛品种。

2. 外貌特征 娟姗牛为小型的乳用型牛，体型细致紧凑，轮廓清晰。头小而轻，两眼间距宽，额部稍凹陷，耳大而薄。角中等大小，琥珀色，角尖黑，向前弯曲。颈细小，有皱褶，垂皮发达。鬐甲狭窄，肩直立，胸深宽，背腰平直，腹围大，尻长、平、宽。后躯较前躯发达，呈楔形。尾帚细长，四肢较细，关节明显，蹄小。乳房发育匀称，形状美观，质地柔软，乳静脉粗大而弯曲，乳头略小。

娟姗牛被毛细短而有光泽，毛色有灰褐色、浅褐色及深褐色，以浅褐色为最多。鼻镜及舌为黑色，嘴、眼周围有浅色毛环，尾帚为黑色。

娟姗牛体格小，成年公牛活重为650～750千克，母牛为340～450千克。犊牛初生重为23～27千克。

3. 生产性能 娟姗牛性成熟早，通常在24月龄产犊。一般年平均产奶量 3 500～4 000 千克。美国在 20 世纪 80 年代记录的娟姗牛产奶量为 4 500 千克。丹麦 1986 年有产奶记录的 10.3 万头娟姗母牛年平均产奶量为 4 676 千克。单位体重产奶量高。

娟姗牛的最大特点是奶质浓厚,乳脂率平均为 5.5%～6.0%。乳脂肪球大,易于分离,乳脂黄色,风味好,适于制作黄油,其鲜奶及乳制品备受欢迎。

娟姗牛还以耐热性和抗病力强而著称。20 世纪 40 年代我国曾引进娟姗牛,主要饲养于南京等地,年产奶量为 2 500～3 500 千克。近年广东又有少量引入,用于改善牛群的乳脂率和耐热性能。

(三)西门塔尔牛

西门塔尔牛(Simmental)属于乳肉兼用大型品种。但有些国家已向大型肉用方向发展,逐渐形成了肉乳兼用品系,如加拿大的西门塔尔牛就属于肉乳兼用型,又称加系西门塔尔牛。

1. 原产地　西门塔尔牛原产于瑞士西部的阿尔卑斯山区的河谷地带,主要产地是伯尔尼州的西门塔尔平原和萨能平原。该地区牧草繁茂,适于放牧。在法国、德国、奥地利等国边邻地区也有分布。西门塔尔牛占瑞士全国牛只的 50%,奥地利占 63%,德国占 39%。现已分布到很多国家,如加拿大、我国等。

2. 体型外貌　西门塔尔牛毛色多为黄白花或淡红白花,一般为白头,体躯常有白色胸带和肷带,腹部、四肢下部、尾帚为白色。体格粗壮结实,前躯较后躯发育好,胸深、腰宽、体长、尻部长宽平直,体躯呈圆筒状,肌肉丰满。四肢结实。乳房发育中等,乳头粗大,乳静脉发育良好。肉乳兼用型西门塔尔牛多数无白色的胸带和肷带,颈部被毛密集且多卷曲。胸部宽深,后躯肌肉发达。成年公牛体重为 1 000～1 200 千克,母牛为 550～800 千克。犊牛初生重为 30～45 千克。

3. 生产性能　西门塔尔牛肌肉发达,产肉性能良好,甚至不亚于专门化的肉牛品种。12 月龄体重可以达到 454 千克。据 36 头公犊的试验,平均日增重为 1 596 克。公牛经肥育后,屠宰率可以达到 65%;在半肥育状态下,一般母牛的屠宰率为 53%～55%。胴体瘦肉多,脂肪少,且分布均匀。

西门塔尔牛的产奶性能比肉用品种高得多,平均 305 天产奶量 4 000 千克以上,乳脂率 4%。肉乳兼用型西门塔尔牛产奶量低,如黑龙江省宝清县饲养的加系肉乳兼用型西门塔尔牛,在饲养水平较差条件下,第一、第二胎次泌乳期分别为 240 天和 265 天,平均产奶量分别为 1 486 千克和 1 750 千克。由于西门塔尔牛原来常年放牧饲养,因此具有耐粗饲、适应性强的特点。西门塔尔牛四肢坚实,寿命长,繁殖力强。

(四)三 河 牛

三河牛是我国培育的优良乳肉兼用品种,因产于内蒙古呼伦贝尔盟大兴安岭西麓的额尔古纳右旗三河(根河、得勒布尔河、哈布尔河)地区而得名,其次分布于兴安盟、哲里木盟、锡林郭勒盟。

该牛为多品种杂交后经选育而成。早在 1912～1923 年间,由俄国运进奶牛杂交种,其父系多为西门塔尔牛,还有少量雅罗斯拉夫牛。据调查,牛群血统有 10 个以上。三河牛系统的育种工作已有几十年的历史,开始于 1954 和 1955 年在收购当地及离境苏侨所饲养的三河牛的基础上,筹建了 20 个以养牛为主的国营牧场,进行有计划的选育提高。经过 30 多年的努力,品种基本育成。1986 年 9 月 3 日内蒙古自治区政府正式验收命名为“内蒙古三河牛”。

三河牛遗传性能稳定。乳用性能好,一级牛第五胎平均产奶量达 4 000 千克,乳脂率 4%,核心群牛的群体平均产奶量 3 000 千克以上,种子母牛 305 天最高产量 7 702.5 千克。其产肉性能,2～3 岁公牛屠宰率为 50%～55%,净肉率为 44%～48%。

母牛一般 20～24 月龄初配，终生可繁殖 10 胎以上。在内蒙古自然条件下，该牛的繁殖成活率为 60%左右，国营农场中则可达 77%。该牛耐粗饲、宜放牧，能适应严寒环境，抗病力强。

(五)新疆褐牛

新疆褐牛是草原型乳肉兼用品种，主要产于新疆维吾尔自治区的伊犁地区和塔城地区的牧区和半牧区。分布于新疆的天山南北，主要有伊犁、塔城、阿勒泰、石河子、昌吉、乌鲁木齐、阿克苏等地。新疆褐牛是 1935 年以后，引用瑞士褐牛及含有该牛血统的阿拉塔乌牛对当地黄牛级进杂交而育成的。

新疆褐牛平均产奶量 2 100～3 500 千克，最高产奶量达 5 162 千克，平均乳脂率 4.03%～4.08%，乳干物质 13.45%。该牛产肉性能良好，在自然放牧条件下，体况中等，2 岁以上牛只屠宰率 50%以上，净肉率 39%，肥育后净肉率则超过 40%。

(六)中国草原红牛

中国草原红牛是一个乳肉兼用品种。它是应用乳肉兼用短角牛与蒙古牛级进杂交二三代后、横交固定、自群繁育而成的一个新品种。主要分布于吉林省白城地区、内蒙古的昭乌达盟和锡林郭勒盟、河北省张家口等高寒地区。1985 年 8 月 20 日，经农牧渔业部授权吉林省畜牧厅，在内蒙古赤峰市对该品种进行了验收，正式命名为中国草原红牛，并制定了国家标准。

在高寒草原地区，以放牧为主、适当补饲，产奶主要是利用6～8 月份的青草期。泌乳期约 7 个月，产奶量 2 000 千克左右。乳脂率为 3.35%，且随着泌乳期的增加而逐渐下降，由第一胎的 4%下降到第六胎的 3.14%；在一个泌乳期内，则随泌乳月的进展而呈两头高中间低的变化曲线。该品种牛产肉性能良好，屠宰率为 50.8%～58.2%，净肉率为 41%～49.5%。

草原红牛繁殖性能良好，初情期多在18月龄。在牧场条件下，繁殖成活率为68.5%～84.7%。该牛适应性强，耐粗放管理，对严寒和酷热条件耐受力强，发病率低。

草原红牛是一个很有发展前途的品种，如果进一步地选育提高或导入杂交，将会成为我国有影响的乳肉兼用品种。内蒙古赤峰地区从1985年开始对草原红牛导入丹麦红牛外血，以提高草原红牛的产奶性能。

二、奶牛的选育

(一)牛的编号和标记

牛的编号和标记是选育工作中必不可少的技术措施。

1. 牛的编号 犊牛出生后，应立即给予编号。编号时，要注意同一牛场或选育(保种)区，不应有2头牛相同的号码。如有牛只死亡或淘汰、出场时，不要以其他牛只替补其号码。从外地购入的牛只可继续沿用其原来的号码，不要随便变更，以便日后查考。

对于奶牛的登记号，以往我国奶牛个体识别方法五花八门，造成大范围无法统一登记。为此，中国奶业协会设计了我国奶牛终生编号系统。对于母牛，新的编号系统设10位数码，分为4个区。第一区占用2位，为省、自治区、直辖市代码；第二区占用3位，为省(区、市)所辖牛场编号；第三区占用2位，为牛出生年度后2位数；第四区占用3位，为牛场内每一年出生犊牛的顺序号。对于公牛，编号设8位数码，4个区。第一区占用2位，为省(区、市)代码；第二区占用1位，为省(区、市)内公牛站编号；第三区占用2位，为牛出生年度后两位数；第四区占用3位，为牛场内每一年出生的牛顺序号。

此编码系统优点在于，在全国范围内可不再出现重复现象，而从登记号中又可以大致了解牛只的来源和出生年度，在建立计算机数据库时，归类、检索十分方便。为了方便使用，在同一场（站）内饲养的奶牛在耳号上只需后5位号就足够了。

2. 牛的标记　给牛编号以后，就要进行标记，也称标号。标记的方法有下面几种。

（1）耳标法　分圆形和长形两种耳标。后者是先在金属的耳标上打上号码，再用耳标钳把耳标夹在耳上缘的适当地方。夹耳标时，应注意不要使耳标压住耳朵的边缘，以免被压部分发生坏死，而使耳标脱落。给小牛戴耳标时，应留适当的空隙，以备生长。

（2）截耳法　用特制的耳号钳，在牛的左、右两耳边缘打上缺口，以表示号码。例如，右耳上缘的1个缺口代表1，左耳与此相对的缺口代表10；右耳下缘的1个缺口代表3，左耳与此相对的缺口代表30；右耳尖端的缺口代表100，左耳与此相对的缺口代表200；右耳中央的一个圆圈代表400，左耳与此相对的圆圈代表800，等等。

（3）角部烙字法　用特制的烙印烧红后，在角上烙号。牛在2～2.5月龄时，就可在角上烙号。如果烙得均匀平坦，而牛角又不脱皮，则角上号码可永不磨灭。

（4）刺墨法　此法在犊牛生后就可进行。在犊牛耳朵内部用针刺上号码，作为标记。先将犊牛右耳里边用热水洗净，擦干后取适当的数字号码（由针组成），嵌入特制的耳钳内，在右耳内部进行穿刺，在穿刺处涂以黑色的墨汁，或煤烟酒精溶液。伤口长好后即可显出明显的号码。

（5）塑料耳标法　近年国外广泛采用的耳标法，是用不褪色的色笔（Colarsar）将牛号写在2厘米×3.5厘米的塑料制耳标上。法国生产的塑料耳标，固定牛耳朵的一端呈菱形（箭状），用专用的耳标钳固定在耳朵的中央，标记清晰，站在2～3米远处也能看清号码。

(6)冷冻烙号法　冷冻烙号是给家畜做永久标记的一项新技术。它是利用液态氮在家畜皮肤上进行超低温烙号,能破坏皮肤中生产色素的色素细胞,而不致损伤毛囊。以后烙号部位长出来的新毛是白色的,清晰明显,极易识别,永不消失;操作简便,对皮肤损伤少,畜体无痛感。在当前养牛业广泛开展冻精配种的情况下,冷源不成问题,这就为推行冷冻烙号法创造了有利条件。冷冻烙号法的缺点是,烙铁字号在畜体皮肤上贴按的时间比火烙法要长(特别是干冰加醇冷烙法),因此不小心时易使烙铁字号错位,影响烙号效果。给白毛的牛体冷烙时,要比深毛色的牛体延长10～15秒的烙号时间,以破坏真皮和毛囊,抑制被毛生长,使其光秃。因此烙号不如深毛色的牛清晰。冷烙技术操作步骤如下。

①保定牲畜和烙号部位　将准备烙号的牛保定在保定架上,令其自然站立,使之不能前进,亦不能后退或左右摆动。最好是不要用绳捆住畜体,因为捆绑将使体形失去自然状态,会影响字迹的美观。然后找出腰角与坐骨结节结间近尾根的臀部烙号部位,烙号部位必须是在工作场所和放牧地均能看得见的,如果在畜体的下腹部进行烙号就不易观察。如畜体的被毛是黑白、黄白等花色时,应尽量避开在深浅被毛的界限处烙号,以免影响冷烙效果。

②烙号部位的处理　用理发推剪或剪毛机贴近皮肤剪去烙号部位的被毛,要求越短越好。如牛群较大,可于烙号前1～2天剪去被毛,这样可以节省冷冻剂。剪毕用硬刷刷去烙号部位的污垢,用棉花蘸浸酒精涂湿剪毛部位。这样做不是为了消毒,而是用酒精作为冷却的介质。因为干的被毛是最好的不导热体,用酒精湿润后,可使烙铁字号与皮肤之间形成液体接触面,使表皮极易受到冷冻作用。此项操作至关重要,不可忽视。在温暖及炎热季节,酒精蒸发很快,最好将酒精装入像牙膏瓶一样的罐子或油罐内,烙号前可随时将酒精挤在烙号部位。

③烙号　将需烙号的字号浸入盛有液态氮的金属容器中,液

体表面须浸过烙铁字号。第一次烙号时约浸10分钟，以后使用每次只浸2～3分钟即可。当烙铁字号已充分冷透后，迅速取出，立即贴按在酒精涂湿的剪毛部位，幼牛皮薄保持15～20秒，成年牛皮厚，保持30秒左右即可取下。烙号时要压紧，用力要均匀，使烙铁字号所有面积均与皮肤接触到。如畜体稍有不安而移动时，可随之行动，务必达到要求的时间，烙号操作即告完成。

④烙号字迹部位的变化　当烙印取下后，烙号字迹部位立即出现冻僵现象，发硬，凹进如烙印字号的形状一样。皮肤解冻后，其症状如冻伤一样，皮肤变红而肿。大约1周烙号部位的毛脱落，变为光秃，6周至4个月后伤疤部位长出明显的白色被毛，其长度与其他部位的被毛相同。

(二)生产性能测定

1. 个体产奶量的计算　奶牛个体产奶量是以个体奶牛为单位来进行测定和统计，它表明个体奶牛的生产性能。产奶量的计算可每头牛每次挤奶后称重记录，每天计算，每月统计；亦可每月记录3次，每次间隔9～11天，月产奶量(千克)$=M_1\times D_1+M_2\times D_2+M_3\times D_3$；或每月测1次，乘以当月泌乳天数。

(1)305天产奶量　指自产犊后第1天开始到第305天为止的产奶总量。产奶时间不足305天者，按实际产奶量计算，并注明天数；产奶超过305天者，305天以后的产量不计在内。

(2)305天校正产奶量　指实际记录的产奶量乘以相应的校正系数，得到305天校正产奶量。校正系数见表4-1和表4-2。如某头奶牛产奶天数为350天，产奶量为7 800千克，此牛为第三胎，其305天校正产奶量则为：305天校正产奶量＝7 800×0.925＝7215(千克)。由于人为干奶不足305天产奶量者，可以校正；自然干奶而不足305天产奶量者，不能校正，须注明实际泌乳天数。

表 4-1　泌乳期不足 305 天的校正系数

实际泌乳天数	240	250	260	270	280	290	300	305
第一胎	1.182	1.148	1.116	1.086	1.055	1.031	1.011	1.000
2～5 胎	1.165	1.133	1.103	1.077	1.052	1.031	1.011	1.000
6 胎以上	1.155	1.123	1.094	1.070	1.047	1.025	1.009	1.000

表 4-2　泌乳期超过 305 天的校正系数

实际泌乳天数	305	310	320	330	340	350	360	370
第一胎	1.000	0.987	0.965	0.947	0.924	0.911	0.895	0.881
2～5 胎	1.000	0.988	0.970	0.952	0.936	0.925	0.911	0.904
6 胎以上	1.000	0.988	0.970	0.956	0.939	0.928	0.916	0.903

(3)泌乳期产奶量　是指产犊后至干奶为止的全部产奶量。

(4)终生产奶量　开始产犊后到最后淘汰为止各胎累计的产奶量。

2. 群体产奶量的统计　群体产奶量的测定和统计是以奶牛场全群成年母牛为对象，它反映该牛群整体产奶遗传性能的高低，也反映牛场的饲养管理水平。群体产奶量的统计与计算是以自然年度为基础。

(1)成年母牛全年平均产奶量

$$成年母牛全年平均产奶量(千克/头)=\frac{全群全年总产奶量(千克)}{全年平均每天饲养的成年母牛头数}$$

式中，全群全年总产奶量是指从每年 1 月 1 日开始，到 12 月 31 日止全群牛产奶的总量；全年平均每天饲养的成年母牛是指全年每天饲养的成母牛头数(包括泌乳牛、干奶牛、不孕牛以及其他 30 月龄以上的在群母牛；转进或买进的成母牛；卖出或死亡以前的成母牛)的总和除以 365(闰年 366)。

(2)泌乳牛年平均产奶量

$$泌乳牛年平均产奶量(千克/头)=\frac{全群全年总产奶量(千克)}{全年平均每天饲养的泌乳牛头数}$$

式中,全群全年总产奶量是指从每年1月1日开始,到12月31日止全群牛产奶的总量;全年平均每天饲养的泌乳牛头数是指全年每天饲养的泌乳牛头数的总和除以365(闰年366)。干奶期及其他不泌乳牛的饲养天数不包括在内。

3. 牛奶主要成分的测定与计算 常规的乳脂率、乳蛋白率和乳干物质率是指牛奶中所含脂肪、蛋白质和干物质的百分率。牛奶中的主要成分在整个泌乳期中有很大变化。乳脂率的测定与计算与乳蛋白率和乳干物质率相同。一般所说的乳脂率是平均乳脂率。

$$平均乳脂率=\frac{\Sigma(F\times M)}{\Sigma M}\times 100\%$$

式中:F为整个泌乳期中每次测定乳脂率的测定值;

M为某一测定值所代表的该段时间的产奶量。

测定乳脂率时要全天采样,测定方法一般有2种:一种是在全泌乳期的10个泌乳月内,每月测定1次,将测定数据分别乘以各月的实际产奶量,把所得的乘积累加起来除以总产奶量,即得平均乳脂率;另一种是在全泌乳期中的第二、第五和第八泌乳月内各测1次,共3次,将测定数据分别乘以1~3泌乳月、4~6泌乳月和7~9泌乳月的实际产奶量,把所得的乘积累加起来除以总产奶量,即得平均乳脂率。

4. 4%标准奶(校正奶,FCM) 不同个体牛所产的奶,其乳脂率高低不一。乳脂校正奶是指按等能量计算的奶量,在一个共同能量的基础上校正含不同乳脂率的奶,以此评价不同乳用品种牛或不同个体的产奶性能之优劣。其计算公式为:

$$FCM=M\times(0.4+0.15F)$$

式中:FCM为乳脂校正奶;M为产奶量;F为乳脂百分数。

国际上以乳脂率4%的奶作为乳脂校正奶，或称标准奶，该奶1千克的热能值为750大卡或3 138千焦耳产奶净能，亦称1个奶牛能量单位(NND)。

5. 排乳性能的测定

(1)排乳速度　排乳速度与年龄、胎次、品种、个体、乳头管径、乳头形态及括约肌强弱有关。排乳速度测定的时间在产后4～6周开始150天之内，任何一天测定均可。1次挤奶量不低于5千克。

$$校正后的排乳速度=0.1\times(10-X)+V$$

式中：X为实际挤奶量；V为实际排乳速度。

(2)前乳区指数

$$前乳区指数=\frac{前两个乳区奶量}{总奶量}\times100\%$$

前乳区指数一般为39%～47%。初胎母牛前乳区指数比二胎以上的成年母牛大；不同品种及个体前乳区指数也不同。选择前乳区指数可以较好改进乳房均匀程度。

6. 饲料转化率　饲料转化率一般用每千克饲料干物质生产的牛奶千克数或每生产1千克奶需要消耗的饲料干物质千克数来表示。尽管饲料转化率的遗传力为0.5左右，选择易奏效，但没有必要对饲料转化率直接进行选择，因为该性状与产奶量之间存在很高的遗传相关，对产奶量直接进行选择，饲料转化率也会相应选择，可达到直接选择效果的70%～95%。

7. 牛奶的体细胞计算　一般正常牛奶中含有少量脱落的乳腺上皮细胞。如果乳腺感染时，血细胞将进入牛奶中，引起牛奶中含有的细胞数增加，这部分细胞即为体细胞。牛奶中体细胞数量增加的多少取决于乳腺感染程度。因此，测定牛奶中体细胞数量，可分析牛场的卫生状态和牛群乳腺的健康状况，对牛奶的卫生质量和牛群乳房炎发生的危险进行评价。

牛奶的体细胞计数可以利用显微镜评定，工作量较大，适应于小型奶牛场采用。利用牛奶体细胞计数仪进行自动分析，方法简便，准确性也比较高，但仪器价格较高。

每毫升正常荷斯坦牛牛奶中的体细胞数量不应大于 30 万个。

8. 体重测量　体重是奶牛培育的一项重要指标。称量体重可准确地了解奶牛的生长发育情况，并以此作为配合日粮的依据。可用地磅直接称得体重。称重应在每天早晨饲喂前进行，连续测定 2 天（次），取其平均值作为奶牛的体重。无称重条件时，可由体尺估计体重，估重公式如下：

体重（千克）＝胸围（米^2）×体直长（米）×87.5

（三）奶牛的年龄鉴定

奶牛的年龄与生产性能有一定的关系，奶牛一般在 3～8 岁时为产奶量最高的时期，以后随年龄的增长而降低。鉴定牛的年龄，有外貌鉴定、角轮鉴定和牙齿鉴定 3 种。根据外貌鉴定年龄，只能辨别牛的老幼，无法知道其岁数；角轮鉴定年龄，所得结果不甚确切，误差较大。牙齿鉴定较为可靠。

牛上颌无门齿，但有坚硬的齿板。牛牙齿的生长有一定的规律性。根据牙齿鉴别牛的年龄，主要依据下颌门齿的发生、脱换、磨损后的形状等规律的变化。牛的乳齿式（0030/4030）×2＝20；牛的永久齿式（0033/4033）×2＝32。一般犊牛出生时已长有 1～2 对乳门齿，1～4 周乳门齿出齐。乳门齿长出后即开始磨损，磨损到一定程度乳门齿开始脱落换成永久齿（恒齿）。更换的顺序是从钳齿开始，然后内中间齿和外中间齿，最后是隅齿。门齿更换齐全称为齐口。奶牛齐口的年龄为 5 岁。齐口以前，牛的年龄鉴定方法概括为：牙齿脱换的对数加 1 来计算，即换 1 对牙是 2 岁，换 2 对牙是 3 岁，换 3 对牙是 4 岁等。5 岁以后，主要看门齿齿面磨损情况、牛齿的结构。开始磨损时先把齿边磨平，然后看齿面的变化，最初呈方形或横卵圆形，以后随磨损程度而加深。如钳齿在6岁时呈方形；7岁呈三角形；8岁呈四边形；10岁呈圆形，出现齿星；12岁后圆形变小；13岁时呈纵卵圆形。其他门齿变化规律与钳齿相似。牛的臼齿属长冠齿，齿冠和齿颈不明显，随磨损不断向外生长；而门齿属短冠齿，有明显的齿冠、齿颈和齿根3部分，磨损后不再向外生长。因此，牛随着年龄的增长，全部门齿开始缩短。年龄在13岁以上，统称老牛，不再鉴定。

根据牛的牙齿鉴定其年龄比较可靠，但仍是估计的结果。由于牙齿的脱换、生长和磨损变化受许多因素的影响，故有时鉴定的结果与实际年龄有出入。如早熟品种和放牧饲养的奶牛，其正常变化约比上述年龄早半年；少数牛只牙质不坚硬或为畸形牙齿，则难以准确鉴定其年龄。此外，饲草的质量也影响鉴定结果。常年舍饲的牛，牙齿磨损慢；终年放牧的牛，饲草质量差，牙齿磨损快。

如有可靠的牛档案记录，最准确的方法是查看记录。在缺乏档案资料时，尤其是购买奶牛时，较为可靠的方法是根据牙齿进行鉴别。

（四）怎样选购高产奶牛

选购奶牛具有一定的技术性。所以养殖户购买奶牛，最好聘请专业技术人员帮助挑选，以便购买到健康状况良好、无疾病、生产能力高的奶牛。我国现在饲养的绝大多数奶牛，都是我国育成的中国荷斯坦奶牛，也是我国目前最好的奶牛品种。有的饲养户不懂得挑选奶牛的技巧，往往上当受骗。有的购买的奶牛品种不纯，产奶量很低；有的购买了病牛、淘汰牛；有的甚至买了经染色的普通黄牛，给自己造成了经济损失。要想买到好奶牛，应注意以下几个方面的问题。

1. 选购奶牛首先看品种纯不纯　优质荷斯坦奶牛的基本特征是：全身为黑白花，花片界限明显。皮薄骨细，血管显露，肌肉不发达,皮下脂肪沉积少。头长清秀,颈长胸窄,胸腹宽深,后躯和乳房十分发达。头颈、后大腿等部位棱角轮廓明显。从侧望、前望、上望均呈楔形。

(1)侧望　将背线向前延长,再将乳房与腹线连接起来,延长到牛前方,与背线的延长线相交,构成一个楔形。这样,可以看出奶牛的体躯是前躯浅,后躯深,说明消化系统、生殖器官和泌乳系统发育良好,产奶量高。

(2)前望　由头顶点,分别向左右两肩下方作直线延长,与胸下的直线相交,又构成一个楔形。这楔形表示肩胛部肌肉不多,胸部宽阔,肺活量大。

(3)上望　由头部分别向左右腰角引两条直线,与两腰角的连线相交,也构成一个楔形。这个楔形表示后躯宽大,发育良好。

2. 选购奶牛要看乳房和尻部　乳房是奶牛产奶的重要器官。高产奶牛的乳房体积大且结构匀称,与身体附着好,大而不下垂,乳房弹性较好。4 个乳头长短、距离适中,乳房毛稀少。挤奶前后乳房体积变化大,挤奶前乳房充盈,挤奶后变得柔软,并形成许多皱纹,这种乳房腺体组织发达,乳静脉粗大而明显,乳井大,生产能力较高。而低产奶牛的乳房,其各乳区大小不均匀,乳房附着性较差,乳房悬垂,乳房表面乳静脉不明显,乳井小,乳房大但弹性差,挤奶前后体积差别不大。我们把这种乳房称为"肉质乳房",产奶能力差。还有的奶牛乳房很小,显然产量不会太高。奶牛的尻部要宽,长而平,即腰角间及坐骨端间距离要宽,而且要在同一水平线上。髋、腰角与坐骨间的距离,看起来好像 1 个等腰三角形。

3. 选购奶牛要看蹄部和年龄　购牛时要仔细观察牛的步态和蹄形,蹄形异常的牛常有肢蹄病。对于圈舍饲养的奶牛,肢蹄病很易发生,会直接影响奶牛的繁殖性能和产奶性能。判断牛的年龄主要依据牛的牙齿。选购奶牛尽量选初产到 7 岁左右的牛。中国荷斯坦奶牛初产时奶量较低,一般仅相当于壮年高峰期的 60%

左右，随着年龄和胎次逐渐增高，第四至第五胎时为一生中的生产高峰时期。正常情况下，奶牛在1岁半左右初配，3岁前产第一胎，一般7岁以前属高产期。以后其产奶量逐渐下降，并且对各种疾病的抵抗力也不断下降。因此，要尽可能买7岁以内的牛。

4. 选购奶牛看是否有疾病 选择(选购)奶牛时，健康检查很重要。第一，了解(检查)有无结核病和布氏杆菌病等。因为这两种病是人兽共患病，危害性很大。如果选购奶牛时，请卖主取出这两种病的检疫证明，如无检疫证明，必须请兽医人员进行检疫，不可随便购买。

第二，从外表观察奶牛的营养状况，起码要有中等的营养水平，皮毛有光泽，皮肢无皮炎及寄生虫病。食欲良好，大小便正常，精神饱满，眼大而有神。

第三，是乳房的检查，乳房的结构与功能是否正常，非常重要。若乳房损伤2个乳头，其产奶量就会大大减少。有些瞎乳头，由于乳房中的细菌尚未完全消除，还能危害其他乳区，引起继发性乳房炎。因此在选择奶牛时，必须注意这些问题。此外，还必须注意，乳房要左右对称，质地柔软，无明显下垂，前乳区比后乳区要略大些，才是好乳房。

第四，要注意繁殖性能的检查。在选奶牛时，要了解是否有胎儿，可请畜牧兽医技术人员检查。对无胎的奶牛要了解不受胎的原因，因为在奶牛群体中约有7%的牛有繁殖障碍。

5. 选购奶牛的运输 运输奶牛时要用专车，车四周要装上护栏。长途运输时要选择经验丰富的人员，对奶牛进行饲养管理。如果是产奶期的牛要按时挤奶，否则会发生乳房炎。途中奶牛的饲料以优质青干草和蛋白质饲料为主，每天饲喂2～3次，并保证饮水。管理主要是搞好车内清洁卫生，通风透气。妊娠牛要防止流产(妊娠后期的牛一般不宜进行长途运输)，必要时在长途运输前可以注射孕酮和维生素E。另外，还应注意夏季防止奶牛中暑，冬季防止贼风侵袭。为了减少运输途中的应激反应，饲料中可添加一些镇静剂、维生素等。奶牛运回后，仍采用途中饲养方法，经过1周逐渐更换饲料，过渡为正常的饲养。

(五)奶牛的选种

1. 种子母牛的选种　种子母牛是从育种群中选出的最优秀母牛，通过它来创造、培育良种公牛。

2. 生产母牛的选种　主要根据其本身表现进行选种。本身表现包括：体质外貌，体重与体型，生产性能，繁殖力及早熟性和长寿性等性状。而主要的根据生产性能进行评定，选优去劣。

(1)生产性能　奶牛的生产性能，主要包括产奶量和乳脂率。产奶量反映奶牛的实际泌乳能力，也是奶牛最主要的经济性状，遗传力为0.3。乳脂率是评定牛奶品质的一项重要指标，乳脂率的遗传力为0.5～0.6，重复力为0.7，性状遗传力高，选择易见效。而且乳脂率与乳蛋白之间呈0.5～0.6的中等相关，与无脂固形物(SNF)也呈0.5左右的中等相关。

在正常情况下，要求母牛1年产1犊，除60天干奶期外，一般应产奶305天。如果自然干奶，产奶不足305天，不算好牛。尽管在305天内产奶，但有的产奶量高，有的产奶量低。单从实际产奶量进行比较，还不能完全反映出牛的优劣，因为各头牛的乳脂率是不同的。按规定应依含乳脂率4%的标准奶产量来衡量奶牛的生产性能。所以，1头生产性能好的奶牛，不但产奶量高，而且奶的乳脂率也高。

(2)外貌　品种优良的黑白花牛的外貌应该具有如下优点：体型高大，身躯长而深，毛细短而有光泽，四肢健壮，蹄质坚实，蹄形端正，头部清秀并与颈部结合良好。腹大而不下垂，乳房大而不下垂，与腹壁附着良好，富有弹性，乳静脉明显，乳头大小适中，垂直，呈柱状，分布匀称，下奶快。

3. 犊牛及青年母牛的选种　为保持牛群高产，每年必须选留一定数量的犊牛、青年母牛。为满足需要，并能适当淘汰不符合要求的初胎母牛，每年选留的母犊，不应少于产奶母牛的 1/3。主要依据是系谱、生长发育状况及体型外貌进行选择。不符合标准的应予以淘汰。

（六）奶牛的选配

1. 选配的概念和目的　选配是有目的地决定公母牛的交配，以达到在其后代中将双亲优良性状的遗传基础结合在一起，以期培育出优秀的种公牛和种母牛。通过选种，可以发现和选出优秀的种牛；而通过适当的选配可以巩固乃至于发展选择成果。相反，已经获得的选择成果会丧失殆尽。所以，选配在育种中的重要性并不亚于选种的重要性，但目前这种重要性往往被忽视。

选配的主要任务就是尽可能选择亲和力强的公、母牛配种，即有意识地组织优良的种公牛和种母牛交配。使后代取得较大的遗传改进。选配能创造变异，又能稳定地遗传给后代，培育出理想的奶牛。因此，选配是奶牛群改良工作中的一个重要环节。

选种与选配是相互关联相互促进的两个方面。选种可以提高牛群中增产基因的比例，选配可有意识地组合后代的基因型。在培育高产奶牛的工作中，育种工作的成效一方面取决于种牛选择是否科学准确，另一方面取决于选配是否合理有效。奶牛的选配工作，绝不仅仅是为了避免近亲交配，而是为了使优秀的公牛个体（在应用胚胎移植时，还包括优秀的母牛个体）获得更多的交配机会，使优良基因更好地组合，促进奶牛群得到不断改进和提高。通过异质选配可创造必要的变异；通过同质选配可以把握住变异的方向，加快群体的遗传稳定性。

2. 选配前的准备工作

（1）了解牛群基本情况　首先应绘制牛群血统系谱图，进行血缘关系分析。其次,对现有的生产水平与体型按公牛、按胎次、按年度等进行分析,并且和以前(或上1个世代)比较,从而提出需要改进的具体要求和指标。

(2)分析历年来牛群中优秀的公、母牛个体　通过分析,选出亲和力最好的优秀公、母牛组合。

(3)提供可靠的公牛后裔测定资料　包括各性状的育种值,体型线性柱形图及公牛女儿体型改良的效果。由于冷冻精液的大面积推广,一些小型牛场也开始选用冷冻精液,在选用过程中一定要从供种单位取得上述资料,结合本场母牛的血统及体型鉴定结果进行选配,千万不能因为种牛场的冷冻精液都是良种而盲目使用,以免造成近亲繁殖或同质遗传缺陷重合。

3. 选配原则

(1)个体选配　要选用亲和力表现好的公、母牛的选配组合,以保持该组合的优良特性。

(2)选用公牛的质量　选用一定要高于与配母牛的质量。

(3)牛场中不可任意近亲交配　近亲系数应控制在6.25%以下。育种工作中必须使用近亲时,应有计划有目的地进行。

(4)品质选配　用同质选配或加强型选配,巩固其优良品质;用异质选配或改进型选配,校正或改进不良性状和品质。

4. 选配的方法　选配可分为个体选配和种群选配。在个体选配中,按公、母牛双方品质,可分同质选配和异质选配;按公、母牛的亲缘关系的不同,可区分为近交和远交。而种群选配中,按交配双方所属种群特性的不同,可细分为纯种繁育和杂交繁育2种。杂交繁育中,如果按种群关系远近、杂交目的和杂交方式等的不同,又可进一步分出若干不同类别。

(1)个体选配　以个体选择结果为依据,考虑与配个体间的基因亲和力,即后代可能表现的性能是否符合育种目标和生产要求。又分为品质选配和亲缘选配。

①品质选配　也称为选型交配。是一种依据交配双方个体在生产性状、生物学特性、外貌，特别是遗传素质等诸方面的对比情况，而进行选配的方式。可分为同质选配和异质选配。

同质选配，也称为“同型选配”或“选同交配”。这是一种以表型值相似性为基础的选配方式。即选用性能表现一致，育种值均优秀的种公牛和种母牛交配，以期获得与双亲相一致或相似甚至优于双亲的优秀后代，最大限度地培育群体优良共性。

异质选配，也称为“异型选配”或“选异交配”。这是一种以表型不同为基础的选配。具体应用上可分为2类情况。

一种异质选配是具有不同优秀性能的公、母牛相配，以期将两优良性状在后代中结合在一起，如选泌乳量高而乳脂率不甚理想的母牛与乳脂率突出而泌乳量不突出的公牛相配。当得到兼有双亲不同优点后代后，可转入同质选配，以巩固这种选配的结果。这种异质选配有一定难度，一则欲结合在一起的不同优秀性能往往存在着遗传负相关，二则有一定的可能性出现双亲缺点的结合，因此对后代要严格地选择，淘汰不理想的个体。

另一种异质选配是选同一性状但优劣程度不同的公、母牛相配，以期达到优良特征，纠正或改进不理想特性的目的。例如，我国奶牛乳脂率性能普遍偏低，即可选用经验证乳脂率性能优良的公牛交配，给后代加一些有利的基因。显然，这是一种可以用于改良许多生产性状的行之有效的选配方法。

采用异质选配可以综合双亲的优良特性，丰富牛群的遗传基础，提高牛的遗传变异度，同时还可以创造一些新的类型。但是通过异质选配，在优良特性结合的同时，使牛群的各生产性能都趋于群体平均数。为了保证异质选配的良好效果，必须坚持严格的选种和经常性的遗传参数估计工作。选配工作应坚持一定时期或一定世代，才能获得长期的改良效果，一次性的选配，不管是同质或异质，所获得的进展，可能不久就消失。这是自然选择对人工选择的回归作用。

②亲缘选配 是一种在考虑生产性能和特性特征的前提下，考虑交配双方亲缘关系远近的一种选配方法。如双方有较近的亲缘关系，就是属于近交；反之，则为非亲缘交配，更确切地称为远亲交配，简称远交。

人们普遍了解“近交有害”，因此在一般奶牛场制定选配计划时，首先都重点考虑避免近交。但在牛群中为了某种目的，可以采用有亲缘关系个体间的选配。其近亲系数可超过25%。因为近交能使后代的某些基因纯化，在培育高产奶牛的工作中，如果能巧妙地运用近交的优势，可以收到意想不到的效果。有目的的近交在奶牛育种中大致有以下的用途：一是固定优良性状；二是剔除有害基因；三是保持优良个体的血统；四是提高牛群的同质性。

(2)种群选配 依据种群的特性和种群间的相互关系决定选配的方式。分纯种繁育和杂交繁育2种。

①纯种繁育 纯种繁育简称纯繁，也叫本品种选育。是指同品种内公、母牛的选配繁殖。纯繁可以使品种的优良品质和特性在后代中更加巩固和提高，尽可能地克服种群的某些缺点。

根据公、母牛的血缘关系，纯种繁育又可分为近亲繁育、嫡亲繁育、品系繁育和远亲繁育。

近亲繁育是指有亲缘关系的公、母牛进行交配。嫡亲繁育是指亲缘关系很近的个体间的交配，如同胞或亲子间的交配，目的是固定某些优良性状，暴露有害基因。若用之不当，也往往出现弊病，故须慎重从事。

品系是指品种内具有相似特点，而又来源于同一优良种公牛(系祖)的牛群。品系内个体间的交配，称品系繁育。远亲繁殖指无血缘关系的个体间的交配。是奶牛饲养者采用最广泛的一种繁育方法。远亲繁殖虽可引入新基因，但基因不纯一，无危害。

②杂交繁育 杂交繁育是指非纯种牛群内或不同品种间进行

交配。常用的杂交繁育有以下 4 种。

其一,经济杂交。经济杂交以低产(奶)牛品种(或奶牛群)与良种奶用品种公牛进行杂交,或者用两个高产品种杂交。目的是利用杂种优势(非加性基因效应),提高经济利用价值。其杂种优势率为:

$$H(\%)=\frac{\overline{F}-\overline{P}}{\overline{P}}\times100\%$$

式中:H:杂种优势率;$\overline{F}$:杂种组平均值;$\overline{P}$:亲本种群纯繁组平均值。

其二,引入杂交(导入杂交)。为了纠正某奶牛品种(或牛群)的某些个别缺点,往往选择理想品种的公牛进行引入杂交。方法:用含外血 1/2 的公牛与母牛交配,产生含外血 1/4 的后代自繁。若原品种某些优良品质有所损失,则可用原品种公牛交配 1 次,外血 1/4→1/8,以防止引入杂交而改变原品种的基本特性。

为改良我国黑白花牛体型、乳房形状和乳脂率,多次引进荷兰乳肉兼用型(小荷兰)种公牛进行杂交,获得含外血 1/2,1/4,1/8 的后代。结果表明含外血 1/4 的母牛的上述性状获有较好效果。但体躯矮小,有些地区坏蹄病增多。

其三,级进杂交。用高产奶牛品种公牛与低产品种母牛逐代进行杂交,直至达到彻底改造低产品种为目的。如把黄牛改良为奶牛,一般采用级进杂交,即用同一优良品种的不同个体的公牛,连续对本地黄牛杂交 3 代以上,一般改良代数达 3～4 代后即不再进行杂交,可进行横交固定,以保持其黄牛原有的适应性、抗病能力和其他优良性状。我国用荷斯坦公牛与各地黄牛品种母牛进行级进杂交,已有多年历史。培育出中国乳用品种——中国荷斯坦牛。

其四,育成杂交。是用 2～3 个及以上的品种进行杂交,在后代中选出那些符合育种指标的个体，然后进行横交固定，以期培育新品种的一种方法。只用2个品种杂交，就称简单的育成杂交；用2个以上品种，则称为复杂的育成杂交。

目前，我国一些大型奶牛场多数采用纯种繁育，即本品种选育提高的育种方法，并结合适当引进外血，加以充实提高，有些为了巩固某些优良性状或进行品系繁育，在小群内进行一定程度的亲缘交配。亲缘繁殖在一定程度上能保持优良性状，但由于近亲也能将双亲的不良性状的基因纯合，造成一些不良后果，主要表现为：后代生活力降低，体质弱，适应性及对疾病的抵抗力降低，繁殖力下降，死胎及畸形胎儿增多，小牛生长发育受到抑制，成年牛生产性能下降。由于存在这些缺点，生产型奶牛场一般应尽量避免近亲交配。

三、奶牛的繁殖

加速高产奶牛的繁殖是增加牛群数量、提高牛群质量的必要前提。同时，也是提高养牛生产水平的重要基础。在养牛生产中，只有抓好繁殖有关的各个环节，采取综合技术措施，才能进一步提高牛的繁殖成活率，从而促进养牛业的发展。

（一）牛的发情与发情鉴定

1. 牛的性成熟与发情

（1）母牛的性成熟与体成熟　母牛生长发育到一定年龄后，生殖器官已基本发育完全，开始产生具有受精能力的卵子，同时性腺能分泌激素促使母牛发情，这一时期即为母牛的初情期或性成熟期。

母牛的生殖器官发育和生殖功能，是受其内分泌所制约的。随着母牛的生长发育，丘脑下部开始分泌促性腺激素释放激素，促进垂体前叶分泌促卵泡素(FSH)和黄体生成素(LH)。促卵泡素能使卵巢中的卵泡生长和卵泡上皮分泌雌激素;黄体生成素促进卵巢黄体生成和黄体分泌孕酮;而且在促卵泡素和黄体生成素的相互作用下,又能促进卵泡成熟和排卵。卵泡上皮产生的雌激素促进母牛生殖道的成熟和性行为表现,也能使乳腺导管加速增长。

牛的性成熟年龄,因品种、营养、气候环境和饲养管理等影响。凡是阻碍牛生长的因素,都会延长母牛的初情期。小型品种、乳用品种及南方品种性成熟较早;大型品种、肉用和役用品种及北方品种性成熟较迟。温暖的气候,营养丰富并且发育良好的牛性成熟也较早。母牛的体重是影响性成熟迟早的主要因素。一般母牛性成熟的年龄为 8～12 月龄。性成熟时,牛体其他组织器官尚未发育完全,也就是还没有达到体成熟,所以还不适宜配种。

体成熟是育成牛的骨骼、肌肉和内脏各器官已基本发育完成,而且具有了成年牛固有的形态结构。一般母牛的体成熟年龄为 18～24 月龄,其体重达到成年体重的 65%～70%为宜。可见,母牛的体成熟远较性成熟为迟。在生产中,母牛只有达到体成熟后才能开始配种。过早会影响母牛本身发育,但也不应过迟,否则会减少母牛一生的产犊头数,有损于生产。育成牛配种理想的体重和年龄见表 4-3。

表 4-3 育成牛配种理想的体重和年龄

品　种	体重(千克)	年龄(月)
荷斯坦牛	340	15
娟姗牛	225	13
西门塔尔牛	340	15

(2)母牛的发情与发情周期　发情是指母牛发育到一定年龄时所表现的一种周期性的性活动现象。它主要受卵巢活动规律所制约。随着卵巢的每次排卵和黄体形成与退化,母牛整个机体,特

别是生殖器官发生一系列变化。

出现初情期后，除母牛妊娠和产后一段时间（30～72 天）外，正常母牛则每隔一定时期便开始下一次发情，周而复始，循环往复。从这一次发情开始到下一次发情开始的间隔时间，叫做发情周期。母牛的发情周期平均为 21 天，其变化范围为 18～24 天，一般青年母牛比经产母牛要短。

发情周期中生殖道的变化、性欲的变化都与卵巢的变化有直接的关系。发情周期通常可分为 4 个时期。

①发情前期　是发情期的准备阶段。母牛卵巢中的黄体进一步萎缩，新的卵泡开始发育，雌激素分泌增加，生殖器官黏膜上皮细胞增生，纤毛数量增加，生殖腺体活动加强，分泌物增加，但还看不到阴道中有黏液排出，母牛尚无性欲表现。该期持续 1～3 天。

②发情期　是指母牛从发情开始到发情结束的时期，又称为发情持续期。发情持续期因年龄、营养状况和季节变化等不同而有长短，一般为 18 小时，其范围为 6～36 小时。根据发情母牛外部征候和性欲表现的不同，又可分为发情初期、盛期和末期 3 个时期。

发情初期卵泡迅速发育，雌激素分泌量明显增多。母牛表现兴奋不安，经常哞叫，食欲减退，产奶量下降。在运动场上或放牧时，常引起同群母牛尾随，尤其在清晨或傍晚，其他牛嗅发情牛的阴唇。当有其他牛爬跨时，拒不接受，扬头而走，观察时可见外阴部肿胀，阴道壁黏膜潮红，黏液量分泌不多，稀薄，牵缕性差，子宫颈口开张。

发情盛期的母牛表现接受爬跨而站立不动，两后肢开张，举尾拱背，频频排尿。拴系母牛表现两耳竖立，不时转动倾听，眼光锐敏，人手触摸尾根时无抗力表现。从阴门流出具有牵缕性的黏液，俗称“吊线”或“挂线”，往往沾于尾根或臀端周围被毛处，因此尾上或阴门附近常有分泌物的结痂。阴道检查时可发现黏液量增多，稀薄透明，子宫颈口红润开张。此时卵泡突出于卵巢表面，直径约1厘米，触之波动性差。

发情末期性欲逐渐减退，不接受其他牛爬跨。阴道黏液量减少，黏液呈半透明状，混杂一些乳白色，黏性稍差。直肠检查卵泡增大到1厘米以上，触之波动感明显。

母牛的排卵时间是在发情结束后10～12小时。右侧卵巢排卵数比左侧多；夜间，尤其是黎明前排卵数较白天多。

③发情后期　母牛无发情表现。排卵后卵巢内形成黄体，并且开始分泌孕酮。多数育成牛和部分成年母牛从阴道流出少量血液。该期持续时间为3～4天。

④休情期　又叫间情期。精神状态处于正常的生理上相对静止时期。该期黄体逐渐发育转为退化，而使孕酮分泌量逐渐增加又转为缓慢下降。休情期的长短，常常决定了发情周期的长短。该期持续12～15天。

(3)产后发情　母牛产犊后，经过一定的生理恢复期，又会出现发情。产后生理的恢复包括卵巢功能、子宫形态和功能以及内分泌功能等的恢复。产后的一段时间，由于卵巢黄体退化迟，促性腺激素分泌较少，卵巢上卵泡不能充分发育。据报道，荷斯坦牛分娩后第一次排卵时间平均在产后16.5天，但没有发情征候；第二次排卵时间平均在产后33天并有发情征候；第三次排卵时间平均在产后54天并有发情征候。高产母牛、体弱母牛、难产母牛或有产科疾病的母牛分娩后第一次出现发情或排卵的时间要迟些。

2. 母牛的发情鉴定　发情鉴定的目的是及时发现发情母牛，正确掌握配种时间，防止误配漏配，提高受胎率。鉴定母牛发情的方法有外部观察、用试情牛、阴道检查和直肠检查等。

(1)外部观察法　是鉴定母牛发情的主要方法。主要根据母牛的外部表现来判断发情的状况。母牛发情时表现兴奋不安，对外界环境的变化反应敏感，东张西望，食欲减退，反刍时间减少，产奶量下降，不时哞叫，举尾拱背，频频排尿。发情母牛阴唇肿胀，从阴道流出黏液，初期量少，盛期较多，后期又减少，随着发情时间的延长，黏液由稀薄透明变为较浑浊而浓稠，常沾在阴唇下部及尾根或臀端周围被毛处，随后结痂。根据观察母牛爬跨其他母牛来确定母牛的发情表现最有价值。母牛发情时，常引起公牛或其他母牛尾随和爬跨，但在发情初期不接受爬跨，发情盛期接受爬跨而站立不动，后肢开张，举尾拱背。由于公牛或其他母牛多次爬跨，往往在发情母牛背腰和尾部留有泥垢，被毛蓬乱。可根据此种现象确定发情母牛。在发情末期，虽有公、母牛尾随，但发情母牛不再接受爬跨，并逐渐变得安静。也有将颜料液装在特制的容器内，然后固定在母牛的尾根的背侧，凡被爬跨的母牛，容器破裂，颜料液将尾根周围毛及皮肤染色。

（2）用试情牛法　利用输精管结扎、阴茎改道的公牛，或切除阴茎的公牛试情。可观察到公牛紧随发情母牛，效果较好。另有做法是将一半圆形的不锈钢打印装置，固定在皮带上，然后像驾具一样，牢牢戴在公牛的下腭部，当公牛爬跨发情母牛时，即将稠的墨汁印在发情母牛身上。这种装置叫下腭球样打印装置。为了减少公牛结扎输精管的麻烦，可选择特别爱爬跨的母牛代替公牛，效果更好。因为结扎输精管的公牛仍能将阴茎插入母牛阴道，可能引起感染。

另外，还有将试情公牛胸前涂以颜色或安装带有颜料的标记装置。放在母牛群中，凡经爬跨过的发情母牛，都可在尻部留下标记。

（3）阴道检查法　又称开膣器法，是鉴定母牛发情的辅导方法。其方法是用开膣器将阴道张开，观察阴道黏膜分泌物和子宫颈外口的变化，来判断母牛发情与否。不发情母牛阴道黏膜苍白，干燥，子宫颈口紧闭。母牛发情时，阴道黏膜充血、潮红、湿润；阴道内有较多的黏液性分泌物，有时打开阴道，可见黏液呈玻璃棒状从子宫颈流出，与阴道内黏液连在一起，随着发情时间的延长，黏液逐渐由稀变稠，量由多变少；子宫颈外口充血、松弛、开张。

阴道检查的操作程序是，先将母牛保定在配种架内或牛床上，尾巴用绳子拴向一侧，外阴部清洗消毒。开膣器清洗擦干后，用70%酒精棉球擦拭，再以酒精火焰消毒，然后涂上灭菌的润滑剂。左手拇指和食指、中指将阴唇分开，右手持开膣器稍向上插入阴门，然后再按水平方向插入阴道，打开开膣器通过反光镜或手电筒光线观察阴道内变化。检查完后把开膣器稍稍合拢，但不要完全合拢，缓缓从阴道内抽出，防止损伤阴道壁黏膜。用过的开膣器要及时清洗，消毒后方可用来检查另一头母牛。

(4)直肠检查法　操作者将手伸入母牛直肠内，隔着直肠壁检查生殖器官的变化、卵巢上卵泡发育情况，来判断母牛发情与否的一种方法。母牛发情时，可以摸到子宫颈变软、增粗，由于子宫黏膜水肿，子宫角体积增大，收缩反应明显，质地变软，卵巢上有发育的卵泡并有波动感。

母牛保定，同阴道检查法。检查者首先应将指甲剪短磨光，戴上长臂手套，手臂上涂上润滑剂。然后用手抚摸肛门，将手指并拢成锥形，以缓慢旋转动作伸入肛门，掏出宿粪。再将手伸入肛门，手掌展平，掌心向下，按压抚摸，在骨盆底部可摸到一前后长而圆且质地较硬的棒状物，即为子宫颈。沿子宫颈向前触摸，在正前方摸到一浅沟即为角间沟，沟的两旁为向前向下弯曲的两侧子宫角。沿着子宫角大弯向下稍向外侧可摸到卵巢。这时可用食指和中指把卵巢固定，用拇指肚触摸卵巢大小、质地、形状和卵泡发育情况。操作要仔细，动作要缓慢。在直肠内触摸时要用指肚进行，不能用手指乱抓，以免损伤直肠黏膜。在母牛强力努责或肠壁扩张呈坛状时，应当暂停检查，并用手揉搓按摩肛门，待肠壁松弛后再继续检查。检查完毕手臂应当清洗、消毒，并做好检查记录。

由于母牛发情期较短，发情外部表现比较明显，所以一般都以外部观察法作为判断发情的主要方法。阴道检查法是作为一种鉴定发情的辅助方法。目前随着直肠把握输精法的广泛采用，直肠检查法也在生产实践中逐步应用。此外，发情鉴定的方法还有生殖道黏液电阻测定法、血浆或奶中孕酮含量测定法以及超声波检查法等，但应用均不及上述方法普遍。

3. 母牛的同期发情　是施用外源性激素等药物诱导一群母牛在同一时期发情排卵的方法。正常情况下，母牛群中的牛只发情是分散而不整齐的。现行的同期发情技术，主要是用激素处理牛只，使母牛群的发情变分散为集中。20 世纪 60 年代以来国外做了大量试验研究工作，进展较快，现已逐步在畜牧生产特别是在商品肉牛业中得到应用。

(1)同期发情的意义　采用同期发情技术可控制母牛群体发情和排卵，对人工授精技术的应用和推广具有重大意义，有利于牛群管理和工厂化生产，可以节省时间和劳力，降低费用，提高工作效率。还能使不发情母牛发情配种，从而提高繁殖率，同时也是胚胎移植必不可少的重要环节。所以，同期发情技术在养牛业中有其实用价值。

(2)同期发情的生理机制　在母牛发情周期中，按卵巢的形态和功能可分为卵泡期和黄体期。在卵泡期卵泡在垂体促性腺激素的作用下可以得到迅速发育、成熟和排卵，母牛有发情表现。排卵后，在卵巢的排卵部位形成黄体，便进入黄体期。在黄体形成和发育阶段，黄体能分泌孕酮，使血液中维持一定水平，从而对垂体促性腺激素的分泌有抑制作用，使母牛处于生理上的相当静止期，这时母牛没有发情表现。如果母牛未妊娠，由子宫分泌的前列腺素有溶黄体作用。经 10 余天黄体即行退化，孕酮在血液中含量下降，对垂体促性腺激素分泌的抑制作用解除。垂体开始分泌促性腺激素，从而导致卵泡期的开始，母牛又重新出现发情。

现行的同期发情技术，就是以脑下垂体和卵巢所分泌的激素在母畜发情周期中所起的作用为理论依据。主要有两种途径，都是通过控制黄体，降低孕酮水平，从而导致卵泡同时发育，达到同期发情的目的。当给一群母牛施用某种激素，抑制其卵泡的生长发育，使其处于人为黄体期，经过一定时期停止用药，使卵巢功能恢复正常，可引起同一群母牛同时发情。相反，也可利用性质完全不同的另一类激素，加速黄体退化，缩短黄体期，使卵泡期提前到来，导致母牛发情。

(二)牛的配种适期与配种方式

1. 牛的配种适期

(1)育成母牛的配种适龄　虽然育成母牛性成熟后生殖器官已基本发育完全，卵巢可以产生具有受精能力的卵子，配种后可以受胎。但是，一旦配种受胎，将严重影响胎儿和育成母牛自身的发育及未来的生产性能。

实践证明，只有在育成牛达到体成熟之后进行第一次配种才为适宜。当育成牛体重达到成年母牛体重的65%～70%，就达到了体成熟。在一般情况下，小型牛体重达300～320千克、中型牛320～340千克、大型牛340～400千克时即可配种。配种过晚不仅提高了培育成本，而且会因母牛肥胖而不易受胎，同时还会造成母牛难产。

(2)发情母牛的适宜配种时间　母牛排卵一般在发情结束后10～12小时。卵子排出以后在输卵管内保持受精能力的时间为8～12小时。所以，输精时间安排在排卵前6～8小时，受胎率最高。输精过早，受胎率往往不高，特别在使用冷冻精液时，更应掌握好输精的时机。但排卵时间不易准确掌握，而根据发情时间来掌握输精时间比较容易，以发情后期输精较好。在生产实践中都是早晨发情(接受爬跨)，傍晚输精；下午发情，翌日上午输精。在1个发情期内输精2次，受胎率有所提高，但是为了节省精液和时间，以1次输精为宜。进行2次输精时，可在发现发情时输精1次，间隔10～12小时再输精1次。如果直肠检查技术熟练，最好通过直肠检查，根据卵泡发育情况来确定适宜的输精时机，卵泡体积增大，波动比较明显，也就是当卵泡达到成熟接近排卵时，输精最为适宜。

为了做到适时配种，应仔细观察牛群，及时检出发情牛，掌握每头母牛的发情规律，使输精时机更合适，受胎率更高。

(3)母牛产后第一次配种时间　母牛产后配种应按照以下原则进行：①有利于提高牛的经济利用性(产奶量和产犊数)；②不影响母牛的健康；③能使母牛持久而正常地生产。母牛产后一般在30～72天发情。产后第一次发情的时间受个体子宫复原、品种以及产犊前后饲养水平等因素影响。母牛产后第一次配种时间过早或过晚均不适宜。配种过早，因子宫还没有完全康复，不易受孕；配种过晚，延长了产犊间隔，降低了经济利用效率。根据牛的生殖生理特点，最理想的是1年能产1次犊牛，这就需要在产后80～90天内配种受胎。实践证明，奶牛产后60～90天配种情期受胎率最高。如果发现母牛产后超过60天仍不发情，应及时进行检查，以便提早治疗。

2. 牛的配种方式　牛的配种方式可分为自然交配和人工授精2大类。自然交配又可分为自由交配和控制交配2种方式。

(1)自由交配　是将公牛常年或者在一定配种季节放入母牛群内自由选择交配。这种方法简单，可减少母牛漏配，增加生产犊牛数。但公牛利用率极低，交配次数无法控制，使良种公牛利用年限缩短；牛群的血统不清，易发生早配和近亲配，影响牛群质量；容易蔓延生殖疾病和造成外伤；配种和产犊日期无法控制；不利于有计划地生产。因此，自由交配的缺点远远超过了它的优点，现已逐渐被其他先进方式所代替。

(2)控制交配　是人为控制公、母牛交配的一种方法。虽仍属自然交配的性质,但比自由交配方式优越得多,公、母牛可经人为的选择,并在特定的条件下进行交配。控制交配包括分群交配和人工辅助交配2种。

①分群交配　在配种季节内,将1头或数头经选择的公牛放入一定数量(1∶25)的母牛群中合群饲养,任其自由交配。

②人工辅助←交配　平时将公、母牛隔离饲养,在母牛发情的适当时间,拴入配种架内,按配种计划所指定的优良公牛进行交配。交配后立即将公、母牛分开。这种配种方法常在无人工授精条件的地方采用。

控制交配,保留了自由交配的优点,也改变了自由交配的部分缺点,特别是人工辅助交配更为合理。但缺点仍然是对优良公牛的利用率不高,而且容易传播传染性疾病。

(三)牛的人工授精

人工授精是借助专门器械,用人工的方法采集公牛的精液,经过体外检查和特定处理后,注入到发情母牛生殖道的特定部位,使其受胎的一种繁殖新技术。以代替公、母牛自然交配的一种配种方法。实行人工授精,能充分利用良种公牛,加速牛群改良,减少疾病传染,节约费用,有力地促进了养牛业的发展。

人工授精采用的精液有鲜精和冻精。其中冻精比鲜精普遍。

1. 采精　是人工授精的重要环节,认真做好采精前的准备,正确掌握采精技术,合理安排采精时间是保证采到量多质优精液的重要条件。

(1)采精前器材和设备的准备　采精用的主要器材和设备有牛用假阴道,集精杯和假台牛等。假阴道及集精杯等器材,在采精前必须充分洗涤,玻璃器材应高温干燥消毒。采精时要调节假阴道内壁的温度至39℃左右,并保持适当的压力。假阴道内壁还要涂抹适量医用凡士林以增加润滑度。润滑剂涂抹深度不得超过

1/2。集精杯应保持34℃～35℃，防止射精时温度变化对精子的危害。

采精场地不要随意变换，以便种公牛建立起条件反射。采精场应安静、整洁、防尘、防滑和地面平坦，并设有采精垫和安全栏。

台牛的选择要尽量满足公牛的要求，可利用活台牛或假台牛。采精时用发情良好的母牛作台牛效果最好，经过训练过的公、母牛也可作台牛。对于活牛来说应性情温驯、体壮、大小适中、健康无病。采精前，将台牛保定在采精架内，对其后躯特别是尾根、外阴、肛门等部位进行清洗、擦干，保持清洁。应用假台牛采精，简单方便且安全可靠，假台牛可用金属等材料制成，要求大小适宜、坚固稳定、表面柔软干净，容易清洁，模仿母牛的轮廓，外面披一层似牛皮的人造革，便于清洁消毒。

精液处理、检查和保存需要的器材和设备：包括精液处理设备（如恒温水浴箱、离心机等）、精液质量检测设备（如显微镜、比色仪等）、精液分装设备（如塑料细管、精液分装机）、冷藏箱、冷冻设备和冷藏设备（液氮、液氮罐）等。

人工授精用器材有精液运输时保存精液的设备、人工授精器材（如输精管或输精枪）、精液质量检查设备（如显微镜）、牛体清洗器材。

另外，在各个环节，还需要器材的消毒设备和药品，如烘箱、干燥箱、酒精等。

(2)**公牛的准备**　公牛的准备主要是指初次采精公牛的调教和公牛采精前的准备。

公牛的性成熟期在8～14月龄，人工采精的公牛，12～14月龄可开始进行采精训练。新公牛开始采精训练时，为了促使其性欲，可用健康的非种用母牛作台牛，诱使公牛接近台牛，并刺激其爬跨。待公牛适应了采精后，也可将母牛换成假台牛，但要注意，在肉用牛、水牛和一些性欲不很强的乳用公牛，往往用假台牛，更激发不起公牛的性欲，故不宜进行更换。在采精训练时，必须注意耐心细致的原则，充分掌握公牛个体习性，做到诱导采精。不能强行从事，或粗暴对待采精不顺利的公牛，以防使公牛产生对抗情绪。采精人员应保持固定，避免由于更换人员造成的公牛惊慌和不适。同时，采精的场所应保持安静、卫生、温度适宜。特别在夏季，要避免高温影响公牛的生精功能、精液性状以及公牛的性欲，最好在公牛舍内安装淋浴设备或采取其他必要的降温方法。

平时做好采精牛的蹄趾护理和阴毛修剪，公牛采精前还应清洗牛体，特别是牛腹部和包皮部，以免脏物污染精液。活台牛或假台牛经一头公牛爬跨后，凡公牛接触部位应清洁消毒，方可继续用来采精。

公牛在采精前1～2小时，不应大量采食饲料。在夏季，不要在公牛采精前后立即饮用凉水。采精前还应避免牛的激烈运动。

(3)采精操作步骤　将公牛牵至采精架，让其进行1～2次空爬跨，以提高其性欲。

采精员立于台牛右侧，公牛爬跨时，右手持假阴道，左手托包皮，将公牛的阴茎导入假阴道内。公牛的后躯向前冲即射精，随后将假阴道集精杯向下倾斜，以便精液完全流入集精杯内。当公牛爬下时，采精人员应持假阴道随阴茎后移，将假阴道外筒的开关打开，放掉内部的温水，当阴茎自行软缩脱出后迅速自然地取下假阴道，取下集精杯，盖上集精杯盖，立即送入精液处理室。

采精时需要特别注意的是，假阴道内壁不要沾上水分。在冬季，应避免精液温度的急剧下降，宜将采精杯置于保温瓶或利用保温杯直接采精，以防精子受到温度剧变的影响造成精子冷休克。

成年公牛采精一般每周不得超过2次，每次不得超过2回。

(4)精液检查　为了确切了解采出的精液质量，保证配种后的受胎率，人工授精或制作冷冻精液时，必须对精液进行检查。主要检查的项目有：精液的色泽、精液量、活力、密度、pH值、畸形率、顶体完整率等。

2. 精液的稀释与保存

(1)新鲜精液稀释及保存　如果单一为了增加牛的精液量，达到增加一次采精的配种母牛数量的目的，精液可用消毒全乳或脱脂乳，或用生理盐水进行简单稀释。但为了较长时间保存牛的新鲜精液，则需配制牛的精液稀释保存液。常用牛新鲜精液稀释保存液的主要成分为柠檬酸钠、卵黄、抗生素等。

(2)冷冻精液的稀释及保存　冷冻精液稀释液一般分 A 液和 B 液 2 种。A 液有卵黄－柠檬酸钠稀释液、卵黄－乳糖稀释液等，其组成成分与新鲜精液保存所用稀释液相同；B 液通常是在 A 液中加入一定量的甘油，其含量在 5%～14%。

A 液的配制方法与新鲜精液保存稀释液的方法相同，B 液配制时，如甘油加量为 14%，则取通过离心除去不溶性物质的 A 液 86 毫升于量筒内，然后加入甘油至 100 毫升，并充分混合即成。

一般将精液分 2 次稀释后，再进行冷冻。

第一次稀释：在采集的精液中加入等温的冷冻用 A 液至最后稀释倍数的一半，置 5℃冰箱冷却 1～1.5 小时。方法是在烧杯中加入与稀释液等温的水，把稀释精液的容器浸在烧杯中，置于冰箱中。B 液也要同时放在冰箱中一起冷却。

第二次稀释：当冰箱中的稀释精液温度为 5℃～7℃时，即可开始加入 B 液。B 液加入时，要分成 3～4 份，每次间隔 5 分钟左右加入，避免高渗甘油对精子的伤害。

冷冻精液的冷冻源有液氮和干冰。冷冻有 2 种方式：如是制备细管冷冻精液，一般要用专用冷冻精液的细管分装机，按照分装机操作程序进行分装，然后进行冷冻；如是制颗粒冷冻精液，则将稀释的精液用滴管滴加到离液氮面 2～5 厘米的铜筛或干冰上，放置 4～5 分钟，即成颗粒状冷冻精液。细管冷冻精液和颗粒冷冻精液最后都要装入容器内。贮存精液时，先将不同公牛的细管精液或颗粒精液分装在特制的提筒或塑料管内，然后放置到液氮罐内的液面以下。每头公牛细管精液放在同一个提筒(塑料管内)，并在清单上注明公牛号、数量，便于寻找又不致混淆。液氮罐应避免碰撞，放置在清洁、干燥、防晒、通风良好的地板上。液氮罐内应保持有足够的液氮量，为罐容积的1/3以上。并经常检查罐内液氮量，发现液氮损耗过量应及时补充。为保持液氮罐的清洁，减少污染，在清洗液氮罐时，应把预备好的清洁液氮罐并列放置，快速转移冻精过程中裸露罐外的时间不要超过3～5秒钟。

制作颗粒冷冻精液具有操作简便、容积小、成本低、便于贮存的优点。但也有易受污染、不便标记的缺点。

制作细管冻精虽然成本较高，但细管冻精具有污染少，便于标记，使用简单，受胎率高的优点，目前正取代颗粒冻精及低温精液，成为牛人工授精用精液的主要剂型。

采购的精液应为经国家有关部门核发经营许可证的种公牛站所生产的符合国家牛冷冻精液质量标准的精液。种公牛系谱至少3代清楚，并经后裔测定或其他方法证明为良种者。牛精液呈乳白色或乳黄色，每次射精量为4～8毫升，精子活力大于0.6，精子密度大于8亿个/毫升。精子畸形率小于18%，精子顶体异常率小于10%。冷冻精液：细管精液剂量为0.25毫升；颗粒精液剂量为0.1～0.2毫升。精子的活力大于0.3，有效精子数为1500万个以上，精子畸形率小于20%，顶体异常率小于40%，非病原细菌数小于1000个/每剂量。

3. 输　精

(1)精液解冻　从液氮罐取出冷冻精液时，提筒不得提出液氮罐口外，可将提筒置于罐颈下部，用长柄镊子夹取，确认所找的冻精后随即按需要量取出，并把提筒(塑料管)迅速放回原处。寻找冻精动作要快，超过10秒钟应将提筒放回原处，然后再一次寻找。

颗粒精液解冻时，将1毫升解冻液装入灭菌的试管内，置于

38℃水浴中预热，然后投入1粒冻精，摇动至融化，取出使用。取少许精液检查，然后装入带吸球的玻璃输精器；若使用金属输精器，解冻的精液则吸入注射器，并在1小时内给母牛输精完毕。解冻液选用2.9%柠檬酸钠溶液或0.5毫升维生素B_{12}注射液，每支剂量为1毫升；也可用胎盘注射液。

若需外运，将解冻后的精液包装好放入0℃～5℃的冰瓶内贮存，存放时间不超过6小时。

输精前应对精液质量再检查1次，确认符合质量标准的精液方可输精，不符合的弃用。

细管精液解冻时，取出需要的细管冻精后，迅速置于38℃水浴中10秒解冻，取出细管用卫生纸擦干，剪开封口端，取少许精液检查，然后装入细管专用的输精器予以保温，并在1小时内给母牛输精完毕。

解冻后精液的受胎率，将随保存时间的延长而下降。输精时还应注意所用冻精的公牛血统，避免近亲交配。

(2)输精方法　常用的输精方法有开膣器输精法和直肠把握子宫颈输精法2种。

①开膣器输精法　是用开膣器插入母牛阴道，以反光镜或手电筒光线找到子宫颈外口，将输精器吸好精液插入子宫颈外口内1～2厘米，注入精液，取出输精器和开膣器。

开膣器输精法的操作要求见发情鉴定部分。开膣器输精法的优点是操作比较简单，容易掌握。缺点是所用器械较多。另外，因输精部位较浅，有可能部分精液回流至阴道，所以受胎率比直肠把握法稍低。

②直肠把握子宫颈输精法　又称直肠把握输精法。直肠把握输精法可用普通输精器；也可用外径5～6毫米、内径1～2毫米、长35～40厘米、两端光滑的玻璃管，用胶管连接1～2毫升的注射器或橡皮头，作为输精器。用塑料管代替玻璃管，使用更为方便，

成本也低。生产上应用较多的是金属输精器或输精枪，外套一次性的塑料管，可重复利用。

直肠把握输精法的操作是先把母牛保定在配种架内，已习惯直肠检查的母牛也可在牛床上进行，尾巴用细绳拴好拉向一侧。首先清洗消毒外阴部，然后操作者左手将阴门打开，右手持输精管从阴门中部向上斜插10厘米左右，然后把输精管端平，稍向前下方插入。然后按直肠检查法将左手伸入母牛直肠内，排除积粪，摸子宫颈，并将子宫颈口握在手中并向前方推(假如握得太靠前会使颈口游离下垂，造成输精器不易对上颈口)，此时两手互相配合，使输精器插入子宫颈，并达到子宫颈深部，然后将精液徐徐注入。待拉出输精器后，再将直肠内的手退出。

输精管进入阴道后，当往前送受到阻滞时，在直肠内的手应把子宫颈稍往前推，使阴道拉直，切不可强行插入，以免造成阴道损伤。母牛摆动较剧烈时，应把输精管放松，手应随牛的摆动而摆动，以免输精管断裂和损伤生殖道。直肠把握输精所用器械，必须经过严密消毒。

直肠把握输精的技术性较高，比较难以掌握。但熟练以后，可获得较好的受胎效果。一般受胎率比开膣器输精可提高10%～20%。同时，在输精过程中，能了解母牛内生殖器官的情况，一方面有利于准确输精，避免误配；另一方面可以及时发现生殖器官的疾病，便于治疗。此外，所用器械的消毒和准备也较简单。由于它具有以上这些优点，因此在国内外直肠把握输精法得到广泛的应用。

(四)牛的妊娠和分娩

1. 牛的妊娠诊断 是根据母牛配种后发生一系列的生理变化，采取相应的检查方法，判断母牛是否妊娠的一项技术。及早地判断母牛的妊娠，可以防止母牛空怀，提高繁殖率。经过妊娠诊断，对未妊娠母牛找出未孕原因，采取相应技术措施，并密切注意下次发情，搞好配种；对已受胎的母牛，须加强饲养管理，做好保胎工作。寻求简便而有效的早期妊娠诊断方法，一直是畜牧兽医工作者长期努力的目标。

(1)外部观察法　母牛配种以后，于下一个发情期到来前后，要注意观察是否再发情。目前，许多国家统计母牛妊娠与否，就是统计 30 天、60 天和 90 天的不返情率，作为母牛受胎率的主要参考依据。

母牛妊娠以后，周期性发情停止，性情变得安静、温驯，行动迟缓，避免角斗和追逐。放牧或驱赶运动时常落在牛群之后。新陈代谢旺盛，食欲和饮水增加，消化能力提高，所以其营养状况改善，被毛发亮，膘情变好，加之胎儿发育和胎水增加，所以母牛体重增加。妊娠初期外阴部比较干燥，阴唇紧缩，皱纹明显。阴门紧闭，直至分娩时，变为水肿而柔软。妊娠后期腹围变大，妊娠 6～7 个月饮水后可以在右侧腹壁见到胎动。育成母牛妊娠 4～5 个月乳房开始明显发育，体积增大。经产母牛在妊娠最后的半个月乳房明显胀大，乳头变粗，并且个别牛乳房底部出现水肿。妊娠后期胎儿生长很快，母牛要消耗在妊娠前期所积累的营养物质来满足胎儿生长发育的需要。如果饲料缺钙，母牛就会动用自身骨骼中的钙以满足胎儿发育的需要，严重时会使母牛后肢跛行。牙齿磨损得较快。随着胎儿逐渐增大，母体腹内压力升高，内脏器官的容积相对减少，因而排粪、排尿次数增多，而每次量减少。由于横膈膜受压迫，肺活量变小，呼吸次数增加。

这种观察方法虽然简单，容易掌握，但不能进行早期确诊，只能作为参考。

(2)阴道检查法　主要是观察阴道黏膜的色泽，黏液状况，子宫颈的状况等确定母牛是否妊娠。

妊娠时母牛阴道收缩较紧，阴道黏膜苍白无光泽，黏液量少而黏稠，在3～4个月后黏液增多，浑浊，灰黄色或灰白色，而且多聚集在子宫颈口附近。子宫颈收缩紧闭，苍白色，有黏稠的黏液塞封住子宫颈口，子宫颈口偏向一侧。

阴道检查法虽有一定的准确性，但空怀母牛当卵巢上有持久黄体存在时，阴道内也有妊娠时的征状表现；或妊娠母牛表现假发情，母牛有阴道炎症等容易误诊。所以，只能作为一种辅助的检查方法。操作时要严格消毒，切勿动作粗暴。

(3)直肠检查法　是妊娠诊断普遍采用的方法，也比较准确。

具体操作方法同发情鉴定的直肠检查法。但要更加仔细，严防粗暴。检查时动作要轻、快、准确，检查顺序是先摸到子宫颈，然后沿着子宫颈触摸子宫角、卵巢，然后是子宫中动脉。

母牛妊娠1个月时，子宫颈紧缩，质地变硬；孕侧子宫角基部稍有增粗，质地变得松软，触摸时反应迟钝，不收缩或收缩微弱，稍有波动感；非孕角则反应仍明显，触摸即收缩，有弹性，角间沟仍明显。排卵侧卵巢体积增大，黄体突出于卵巢表面，黄体也稍变硬。

妊娠2个月时，孕角比非孕角约增粗1～2倍，波动明显，角间沟已不清楚，但子宫角基部仍能分清两角界限。胎儿形成，长6～7厘米。妊娠3个月时，子宫颈向前移至耻骨前缘，子宫开始下垂到腹腔，孕角波动明显，有时还可摸到胎儿，在胎膜上可以摸到蚕豆大小的子叶。一般还可摸到子宫中动脉有特异搏动，这一特征是母牛妊娠的重要依据。此时胎儿体长11～14厘米。

随着妊娠期的延长，母牛妊娠症状也越来越明显，其具体变化情况见表4-4。

2. 牛的妊娠期与预产期的推算　妊娠是母牛的特殊生理状态，是由受精卵开始，经过发育，一直到成熟胎儿产出为止。所经历的这段时间称为妊娠期。母牛的妊娠期一般为270～285天，平均为280大。

表 4-4 母牛妊娠各月份生殖器官及胎儿变化情况表

器官 时期	卵巢	子宫角							胎儿	子宫颈	子宫中动脉
		位置	收缩反应	粗细	质地	子叶	角间沟	两角对称			
未妊娠	常一侧因有黄体而较大	骨盆腔内或耻骨前缘	触摸时可引起收缩	拇指粗	柔软	感觉不到	清楚	对称，经产牛有时一侧稍大	无	骨盆腔内	麦秆粗
妊娠 1 个月	孕侧较大，有黄体	骨盆腔内或耻骨前缘	孕侧不收缩或收缩弱，空角收缩	孕角稍粗	孕角松软有波动	感觉不到	清楚	略不对称	摸不到	骨盆腔内	麦秆粗
妊娠 2 个月	孕侧较大，有黄体	耻骨前缘下	孕侧不收缩或收缩弱，空角收缩	孕角增粗约1倍	孕角薄软有波动	感觉不到	已不清楚	显著不对称	摸不到	骨盆腔内	孕侧增粗 1 倍
妊娠 3 个月	孕侧较大，有黄体	同上或腹腔内	无收缩	孕角明显增粗	孕角薄软有波动	有时候可摸到蚕豆大	消失	显著不对称	有时可摸到	耻骨前缘	增粗 2～3 倍，有时可摸到特异搏动
妊娠 4 个月	常只能摸到非孕侧卵巢	腹腔内	无收缩	囊状	孕角薄软有波动	可摸到，如卵巢大	消失	孕角范围已不能完全摸到	有时可摸到一部分	耻骨前缘下，较粗，斜向前下方	特异搏动清楚，筷子粗

续表 4-4

器官 时期	卵巢	子宫角							胎儿	子宫颈	子宫中动脉
		位置	收缩反应	粗细	质地	子叶	角间沟	两角对称			
妊娠5个月	不能摸到	沉入腹腔	—	—	孕角薄软有波动	体积更大	—	—	可摸到一部分或摸不到	耻骨前下方垂直向下	铅笔粗
妊娠6个月	—	沉入腹腔	—	—	孕角薄软有波动	鸽蛋大	—	—	有时可摸到	耻骨前缘下	非孕侧开始有微弱特异搏动
妊娠7个月	—	沉入腹腔	—	—	孕角薄软有波动	鸽蛋大	—	—	可以摸到	耻骨前缘前下方	孕侧小指粗，非孕侧搏动明显
妊娠8个月	—	沉入腹腔	—	—	孕角薄软有波动	鸡蛋大	—	—	可以摸到	耻骨前缘前下方	孕侧小指粗，非孕侧搏动明显
妊娠9个月	—	部分升入骨盆腔	—	—	孕角薄软有波动	鸡蛋大	—	—	部分进入骨盆腔	骨盆腔内	食指粗

妊娠期的长短，依品种、年龄、季节、饲养管理和胎儿性别等因素不同而有所差异。一般早熟品种的妊娠期短，奶牛比肉牛短，黄牛比水牛短，怀母犊约比怀公犊短1天左右，青年母牛比成年母牛约短1天，怀双胎比怀单胎短3～7天，冬、春季分娩母牛比夏秋季分娩长2～3天，饲养管理条件差的母牛妊娠期长。

通过检查一旦确定妊娠，为了做好生产安排和分娩前的各项工作，必须精确地推算出母牛的预产期，以便编制产犊计划。母牛预产期可根据配种日期用公式推算出。现将公式推算介绍如下：如按280天妊娠期计算，将配种受胎月份减3，日数加6，即得预计的分娩日期，此法适用于乳用牛。举例如下：

例1:2006年7月22日配种受胎的奶牛，其预产期为7－3＝4(月)，22＋6＝28(日)，即2007年4月28日产犊。

例2:2007年1月30日配种受胎的奶牛，其预产期为1＋12－3＝10(月)(不够减可借1年)，30＋6＝36(日)(超过1个月的日数，可将产犊月1个月的日数减去)，即36－31＝5(日)，把这个月加上去，10＋1＝11(月)，其预产期为2007年11月5日。

如按282～283天计算，最简便的方法是配种月份加9，配种日数加9，推算出母牛预计的分娩日期。此法适用于兼用牛。举例如下：

例1: 某母牛配种受胎日期为2006年3月10日，预产期为:3＋9＝12(即为2006年12月)。10＋9＝19(即为12月19日)。因此，该母牛的预产日期为2006年12月19日。

例2: 某母牛配种受胎日期为2006年5月28日，预产期为:5＋9＝14(月超过12加1年，即为2007年2月)；28＋9＝37(日超过1个月的天数加上1个月，即为3月9日)。因此，该母牛的预产日期为2007年3月9日。

3. 分娩与助产　母牛分娩时，如果忽视护理，又没有必要的助产措施和严格的消毒卫生制度，就会造成母牛难产、生殖器官疾病、产后长期不孕或犊牛死亡，严重者造成母牛死亡或终生丧失繁殖能力。随着胎儿发育成熟，到临产前，母牛在生理上发生一系列变化，以适应排出胎儿和哺乳的需要。根据这些变化，可以估计分娩时间。

(1)分娩的预兆　在分娩前乳房发育比较迅速，体积增大，临产前乳头也臌起，充满初乳；在分娩前约 1 周，阴唇开始逐渐肿胀、松软、充血，阴唇皮肤上的皱纹逐渐展平；阴道黏膜潮红；子宫颈在分娩前 1～2 天开始肿胀、松软，子宫颈内黏液栓变稀，流入阴道，从阴门可见透明黏液流出；荐坐韧带在分娩前 1～2 周时开始软化，产前 12～36 小时荐坐韧带后缘变得非常松软，同时荐髂韧带也松弛，荐骨可以活动的范围增大，尾根两侧凹陷。

母牛临产前 4 周体温逐渐升高，在分娩前 7～8 天高达39℃～39.5℃，但临产前 12 小时左右，体温可下降 0.4℃～1.2℃。

临产前母牛表现不安，食欲减退或停食；前肢搂草，常回顾腹部；频频排粪、排尿，但量很少；举尾，起立不安。此时应有专人看护，做好接产和助产的准备。

(2)分娩过程　母牛分娩的持续时间为子宫颈开口到胎衣排出，平均为 9 小时，这段时间内必须加强对母牛的护理，母牛分娩的过程可分为开口期、胎儿产出期和胎衣排出期。

①开口期　从子宫开始收缩，到子宫颈完全开张与阴道之间的界限消失为止。此期为 6 小时左右，经产牛稍短，头胎牛略长。

在此期间母牛表现不安，时起时卧，回顾腹部，尾根抬起，常做排粪尿状态，食欲停止或减少，反刍不规则，有时哞叫，喜欢待在比较安静的地方。

开口期子宫收缩呈间歇性。开始子宫收缩时间短，间歇时间长，以后收缩时间长，间歇时间缩短。腹壁有轻微的努责。由于子宫肌收缩，胎膜和胎水被推向子宫颈，使它逐渐张开，随后胎膜或胎儿的一部分进入子宫颈管内，使子宫颈口完全张开。在开口期间，胎儿转变成分娩时的胎位和胎势。

②胎儿产出期 从子宫颈完全开张，胎儿进入产道，到胎儿全部产出这段时间。此期一般为0.5～4小时，初产牛略长些。

在这段时间内，母牛的子宫阵缩时间逐渐延长，间歇时间则越来越短。腹壁肌肉收缩，出现明显努责现象，而且努责的力量逐渐加强，胎膜胎儿进入产道。一般先露出羊膜绒毛膜囊，在阴门内或阴门外破裂排出羊水，胎儿前肢和唇部就开始露出，经强烈努责后胎儿的头逐渐露出并通过阴门。此时母牛稍休息后，紧接着出现剧烈的阵缩和努责，羊膜绒毛膜囊破裂，发生第二次破水，流出黄褐色液体润滑产道，使整个胎儿排出。

③胎衣排出期 从胎儿娩出后到胎衣全部排出为胎衣排出期。此期一般为4～6小时。

胎儿排出后，母牛表现一段安静时间，但是子宫阵缩并未停止。由于子宫的继续收缩，使母体胎盘和胎儿胎盘逐渐分离，最后脱落下来。牛的胎盘是子叶胎盘，属于子包母型，结合紧密，所以排出时间比其他家畜长，而且时常发生胎衣不下的现象。若母牛产犊后胎衣垂出于阴门外或不垂出于阴门外滞留12小时以上，称为胎衣不下。

(3)助产 助产人员要固定专人，产房内昼夜均应有人值班。

①助产前的准备 要选择清洁、安静、宽敞、通风良好的房舍作为专用产房。产房在使用前要进行清扫消毒，并铺上干燥、清洁、柔软的垫草。

产房内要准备好脸盆、肥皂、毛巾、刷子、细绳、消毒药品(煤酚皂溶液、酒精、5%碘酊等)、脱脂棉以及镊子、剪刀、产科绳等。这些用品都应保持清洁，并放在固定的地方，以便随时取用。另外要准备好热水和照明设备。

②助产方法 当母牛表现不安等临产症状时，应使产房内保持安静，确定专人注意观察。助产工作应在严格遵守消毒的原则

下，按照以下步骤进行：

首先将母牛外阴部、肛门、尾根及后臀部用温水、肥皂洗净擦干，再用1%来苏儿溶液消毒母牛肛门、外阴部、尾根周围。助产人员手臂也应消毒。母牛卧下最好是左侧着地，以减少瘤胃对胎儿的压迫。

当母牛开始努责时，如果胎膜已经露出而不能及时产出，应注意检查胎儿的方向、位置和姿势是否正常。正生胎儿只要方向、位置和姿势正常，可以让其自然分娩，若有反常应及时矫正。

当胎儿蹄、嘴、头大部分已经露出阴门仍未破水时，可用手指轻轻撕破羊膜绒毛膜，或自行破水后应及时把鼻腔和口内的黏液擦去，以便呼吸。

胎儿头部通过阴门时，要注意保护阴门和会阴部，尤其当阴门和会阴部过分紧张时，应有一人用两手搂住阴唇，以防止阴门上角或会阴撑破。

如果母牛努责无力，可用手或产科绳缚住胎儿的两前肢掌部，同时用手握住胎儿下颌，随着母牛努责，左右交替使用力量，顺着骨盆产道的方向慢慢拉出胎儿。倒生胎儿应在两后肢伸出后及时拉出，因为当胎儿腹部进入骨盆腔时，脐带可能被压在骨盆底上，如果排出缓慢，胎儿容易窒息死亡。手拉胎儿时，要注意在胎儿的骨盆部通过阴门后，要放慢拉出速度，以免引起子宫脱出。

胎儿产出后发生窒息现象时，应及时清除鼻腔和口腔中的黏液，并立即进行人工呼吸。

在胎儿全部产出后，首先用毛巾、软草把鼻腔内的黏液擦净，然后把犊牛身上的黏液擦干。多数犊牛生下来脐带可自然扯断。如果没有扯断可在距胎儿腹部10～12厘米处涂擦碘酊，然后用消毒的剪刀剪断，在断端上再涂上碘酊。

处埋脐带后要称初生重、编号，填写犊牛出生卡片，放入犊牛保育栏内，准备喂饮初乳。

恶露是正常分娩母牛胎衣排出后，在黏膜再生的过程中，变性脱落的子宫黏膜、部分血液、残留在子宫内的胎水和胎衣碎片以及子宫腺的分泌物等，这种混合液体称为恶露。在产后一段时间内可见恶露从阴道流出。由于分娩是开放式的，子宫内会有细菌侵入而在恶露中生长繁殖。如母牛健康、环境洁净、母牛子宫收缩有力、激素分泌正常，一般在分娩 20 天后，恶露渐止，子宫达到基本无菌状态，这种生理机制称为子宫自净作用(表 4-5)。

表 4-5　通过观察恶露变化，可以大致判断子宫自净

产后天数	恶露类型	颜　色	排出量/天
0～3	黏稠带血	清洁透明带红色	≥1000 毫升
4～10	黏稠带颗粒或带血凝块	褐红色	500 毫升左右
11～12	稀、黏、血性分泌物	洁明、红色或暗红色	100 毫升左右
13～15	黏稠呈线状	洁明、橙色	50 毫升左右
16～20	稠	清洁透明	≤10 毫升

恶露中出现其他性质和颜色的恶臭物质，表明发生子宫内膜炎。产后 10 天内未见恶露流出或发生乳房炎，表明恶露滞留子宫并可能发生子宫内膜炎。

(五)牛的胚胎移植

1. 胚胎移植操作程序　牛的胚胎移植是继人工授精技术后又一次新的繁殖技术革命。一般情况下，1 头母牛 1 年只能繁殖 1 头犊牛。而应用胚胎移植技术，从理论上讲，可以提高母牛的繁殖力很多倍，1 年可得到几头至几十头，乃至几百头优良母牛的后代，大大加速了良种牛群的建立和扩大。所谓胚胎移植是将良种母牛的胚胎取出，或者是由体外受精及其他方式获取的胚胎，移植到同种的生理状态相同的低产母牛体内，使之继续发育成为新个体，即俗称的“借腹怀胎”。作为供体的优秀母牛省去较长的妊娠期，繁殖周期缩短，妊娠过程则由价值较低的受体母牛承担。因此，胚胎移植技术能大大提高优秀母牛的繁殖潜力。牛胚胎移植包括供体、受体的选择、同期发情、超数排卵及配种、胚胎收集、胚胎品质评定、胚胎的体外保存和移植等环节。

(1)供体、受体的选择　供体牛要求生产性能优良，遗传性能稳定，系谱清楚，体质健康，无传染性疾病，繁殖功能正常，年龄3～6岁，经产1～3胎最佳。受体牛要求健康，繁殖功能正常，生产性能一般，体型较大，体况良好。鲜胚移植时，供、受体发情要同步，数量比例要适当(一般为1∶5～8)。

(2)同期发情　为了使供体和受体母牛同步，可在自然发情的母牛中选择，也可对牛进行同期发情处理。常用前列腺素或孕激素来进行同步发情。

(3)超数排卵及配种　供体超数排卵的季节选择春秋两季最佳，冬季也可以进行。但应避免在炎热夏天进行超数排卵处理。两次超排的间隔天数为70～90天。重复超排时，激素剂量应适当加大或用不同的促性腺激素。连续超排4次后，应让其自然妊娠1次。对第一次超排无反应的牛进行第二次超排，再无反应时，不再用作供体。

待供体母牛发情后12小时进行输精，输精剂量为通常的2倍，以后每隔10～12小时输精1次，直至发情停止为止。输精应用同一头公牛的精液。

(4)胚胎的收集　有手术法与非手术法2种。目前，牛胚胎移植通常用非手术法，利用双通式或三通式冲卵管多次向子宫角注入冲卵液，反复冲洗回收桑椹期至囊胚期胚胎。

牛排出的卵在输卵管膨大部受精后，在反复卵裂的同时，经过输卵管峡部、子宫输卵管结合部，约5天后下降至子宫角前端。用非手术法回收胚胎的适宜时间一般在受精后(或最后1次配种后)的6～8天。受精卵的发育及其位置见表4-6。

表 4-6 受精卵的发育及其位置

受精后时间(小时)	位 置	细胞数量	名 称
30～40	输卵管	2 细胞	胚胎
40～72	输卵管	2～8 细胞	胚胎
90～110	子宫角	8～16 细胞	胚胎
120～130	子宫角	16～60 细胞	桑椹胚
130～180	子宫角	>60 细胞	囊胚

胚胎收集前 1 天,通常需要停止 1 天喂料,以便于操作。收集前,要清洗牛后躯和外阴部。为了便于操作,通常对供体牛进行尾椎硬膜外麻醉。冲卵结束后,为预防子宫内感染,应在子宫内注入抗生素或碘制剂,并再用氯前列烯醇处理 1 次。

(5)胚胎品质评定　回收的冲卵液在室温下静置 10 分钟左右,在体视显微镜(15～30 倍)下检胚。将检出的胚胎收集到盛培养液的培养皿中,然后用培养液冲洗 3～4 次,在体视显微镜(50 倍)下进行质量鉴定。主要依据形态学进行分类,选发育阶段正常,外形匀称,卵裂球比较紧密的优良级胚胎进行移植或冷冻保存。

(6)胚胎的移植　胚胎的移植方法现多采用非手术法,其方法与人工授精方法基本相似,即采用直肠把握输精法。先将胚胎吸入 0.25 毫升塑料细管中。为了防止胚胎丢失,先吸入少量培养液,再吸入少量空气,然后再吸入含有胚胎的培养液,再吸入少量空气,最后再吸入少量培养液。将细管装入卡苏枪,最后操作者直肠把握受体母牛的子宫颈,按细管精液输精相类似的方法,将胚胎移植入黄体侧子宫角大弯的前端。

胚胎移植给受体后,要加强护理,移植后不要频繁地进行直肠检查,以防流产。牛胚胎的早期死亡率较高,且主要发生在 27 天以前,故应在移植 2 个月后,视受体牛的发情情况进行直肠检查以判断是否妊娠。

2. 牛胚胎移植的实际效果 从理论上讲,可以提高母牛的繁殖力很多倍,但在实际生产中牛胚胎移植还存在着许多问题,如超数排卵的反应、非手术胚胎的回收率、胚胎的质量以及胚胎移植后的妊娠率等问题。因此,牛胚胎移植的结果预计人们称之为"恼人的60%"。

(1)*超数排卵的反应率是60%* 超数排卵的反应率是指超数排卵处理后,有超排反应的供体占所有超排供体的比例。超排的效果受动物的遗传特性、体况、营养、年龄、发情周期的阶段、产后时期的长短、卵巢功能、季节以及促性腺激素的质量和用量等多种因素的影响。使用外源性促性腺激素诱导卵泡发育并不是每次都有好的结果,不同个体反应的差异较大,效果很不稳定,有的虽有大量卵泡发育,但无排卵发生。因此,长期困扰胚胎移植效率提高的主要问题是超数排卵效果的不可预测性问题至今仍未解决。通过大量的研究,人们已得出结论,超排效果的不可预测性是无法克服的,是牛的生物学属性所决定的。通过超排激素处理后,母牛卵巢上有0～2个排卵点为超排无反应;3～10个排卵点为良好反应;10个以上排卵点为过度反应。若对100头供体母牛进行超数排卵处理,约60头供体有超排反应。有超排反应的供体平均每头排卵10枚,60头供体共计排卵600枚左右。

(2)*胚胎的收集率是60%* 胚胎的收集率是指收集到的卵子和胚胎总数占卵巢黄体总数的百分率。目前收集牛胚胎在生产上通常采用非手术法,一般在配种后的6～8天进行。卵巢排出的卵子或发育的胚胎并不可能全部收集到。若600枚卵子或发育的胚胎通过非手术可收集到360枚左右。

(3)*可移植胚胎率是60%* 可移植胚胎率或可利用的胚胎率是指发育正常的胚胎数占所收集到卵子和胚胎总数的百分率。从卵巢上排出的卵子有的形态异常或未受精,有的卵子虽受精,但胚胎发育迟缓或退化死亡，不能用来移植。360 枚收集到的卵子和胚胎可用来移植的胚胎约 216 枚。

(4)胚胎移植后的妊娠率是 60%　胚胎移植后的妊娠率是指胚胎移植后妊娠母牛数占所有移植母牛总数的百分率。尽管胚胎的质量是好的，但移植后并不能使所有受体都妊娠。216 枚胚胎移植后可使约 130 头受体母牛妊娠，若妊娠母牛的产犊率是 100%，可望得到 130 头犊牛。也就是说，牛的胚胎移植在实际生产中，按每头超排的供体计算，最后平均产犊仅 1.3 头。

胚胎超低温冷冻保存虽可使胚胎移植技术不受时间和空间以及同步发情的限制，可自由地选择供体，但胚胎冷冻后移植的妊娠率比新鲜胚胎移植的妊娠率约低 10%。

3. 牛胚胎移植技术的发展前景　牛胚胎移植技术经过 20 多年的研究现已比较成熟，但与人工授精技术相比，仍存在着效率低，成本高等缺点。因此，以胚胎移植取代人工授精作为常规的牛繁育手段从经济上来说是不合算的，这也是牛胚胎移植技术未能进一步在生产中推广的主要原因。但由于牛胚胎移植技术在育种中有着人工授精不可替代的作用，许多发达国家都以超数排卵胚胎移植为手段进行育种，明显加快了良种化的速度。特别是在当前奶牛资源不足的情况下，可将优秀奶牛的胚胎移植至同步发情的受体黄牛体内，使黄牛产出优秀奶牛的后代，其经济效益是十分显著的。

(六)提高牛繁殖力的措施

提高母牛繁殖力是获得更多畜产品的基础，对于乳用牛，正常情况下，必须在产犊以后才能产奶，产犊间隔过长，不仅减少产犊数，而且还会影响终生产奶量。繁殖力是养牛生产中的重要经济指标。它与饲养管理、遗传育种和疾病防治关系十分密切。因此，提高牛繁殖力的措施必须考虑上述因素，还必须从提高公牛和母牛繁殖力着手，利用现代繁殖新技术，充分发挥公、母牛的繁殖潜力。

1. 加强饲养管理

(1)注意牛的营养　为了提高牛的繁殖力，应当加强牛的营养供给，特别是对于高产牛(如奶牛)妊娠期的营养水平。为牛提供均衡、全面、适量的各种营养成分，以满足牛本身维持和胎儿生长发育的需要。

对初情期的牛，应注重蛋白质、维生素和矿物质营养的供应，以满足其性功能和机体发育的需要。但对牛的研究表明，特别是过高的营养水平，常可导致公牛性欲及母牛发情的异常。所谓种用牛体质，指种牛不应过度肥胖或消瘦。青饲料供应对于非放牧的青年牛很重要，应尽可能给初情期前后的公、母牛供应优质的青饲料或牧草。

种公牛的营养是保证公牛旺盛性功能的重要条件。应为种公牛提供优质蛋白质、维生素营养。在缺乏青饲料季节，应注意维生素的补充。研究表明，在冬季，给公牛补喂大麦芽或优质青饲料，可以提高公牛的性欲和精液品质。

防止饲草饲料中有毒有害物质中毒。棉籽饼中含有棉酚和菜籽饼中含有芥子糖苷，不仅影响公牛的精液品质，还可影响母牛受胎、胚胎发育和胎儿的成活等；豆科牧草中含有植物雌激素，既可影响公牛的性欲和精液品质，又可干扰母牛发情周期，还可引起流产等。因此，在种牛饲养中应尽量避免使用或少用这类饲草和饲料。

此外，饲料生产、加工和贮存过程中也有可能污染或产生某些有毒有害物质。如饲草饲料生产过程中有可能残留或污染农药、化学除草剂、兽药以及寄生虫卵等，加工和贮存过程有可能发生霉变，产生诸如黄曲霉毒素类的生物毒性物质。这些物质对精子生成、卵子和胚胎的发育均有影响。因此，在种牛饲养过程中应尽量避免。

(2)加强牛的管理　加强环境控制。要注意奶牛场环境的影响,尽可能避免炎热或严寒,特别是前者对牛的影响。实践和研究都证明,炎热对牛繁殖的危害远大于寒冷。在炎热季节,重点是加强防暑降温措施。在冬季还应注意防寒保暖。在牧场多栽种一些落叶乔木树,除了美化环境外,还具有遮荫降温和减轻风沙作用。炎热季节必要时可采取淋浴等办法降温。

对于种用牛,要注意运动,以保持牛旺盛的活力和健康的体质,也有利于预防牛蹄病。一般情况下,牛以自由运动为主。对偏肥的种牛,一方面可从营养上进行必要的限制,另一方面,也可通过强迫运动,锻炼其体质。

为了提高牛的繁殖效率,应当保持合理的牛群结构。乳用牛、基础母牛占牛群的比例为50%～70%,过高的生产母牛比例,往往使牛场后备牛减少,影响牛场的长远发展;但过低的生产母牛比例,也可影响牛场当年的生产水平,影响生产效益。牛群每年应有20%～30%的更新率。

要注意母牛发情规律的记录,加强流产母牛的检查和治疗,对于配种后的母牛,应检查受胎情况,以便及时补配和做好保胎工作。要做好牛的接产工作,特别注意母牛产道的保护和产后子宫的处理。

对种公牛,还要注意合理使用。合理使用种公牛是保持健康和延长使用年限的重要措施。种公牛一般在18月龄开始正常采精,近年来由于要尽早通过后裔鉴定,测定种公牛的利用价值,在12～14月龄就开始采精。从18月龄开始采精可以每10天或15天采1次,以后逐渐增加到每周2次。成年种公牛在春冬两季可以每周采精3～4次,或每周采2次,每次射精2次。夏季一般只采1次。采精通常在饲喂后2～3小时进行,采精夏季最好在早晨,冬季在下午进行。采精前公牛包皮及周围应进行彻底清洁消毒。

2. 提高繁殖技术

(1)做好母牛的发情鉴定　母牛的发情持续时间短,约18小时,25%的母牛发情征候不超过8小时,而傍晚到翌日清晨发情的要比白天多,发情而爬跨的时间大部分(约65%)在18时至翌日6时,特别集中在晚上20时至凌晨3时,爬跨活动最为频繁。约80%母牛排卵在发情结束后7～13小时,20%母牛属早排或迟排卵。据报道,漏情母牛可达20%左右,其主要原因是辨认发情征候不正确,妊娠母牛有5%～7%也会表现发情。为尽可能提高发情母牛的检出率,每天至少3次即早、中、晚进行定时观察,具体时间可安排为早晨7时、中午13时、晚上23时,每次观察时间不少于30分钟。按上述时间安排观察母牛发情,一般可达90%以上的发情检出率。另外,对发情征候不明显的母牛可进行直肠检查,了解卵泡发育状态来鉴定发情。

(2)适时配种　正确的发情鉴定结果是确定最适宜配种或输精时间的依据。适时而准确地把一定量的优质精液输到发情母牛子宫内的适当部位,对提高母牛受胎率是非常重要的。牛一般在发情结束后一段时间才排卵,而卵子的寿命仅为6～12小时,故牛最佳的配种时间应在排卵前的6～7小时。在实际生产中当母牛上午接受爬跨傍晚配;下午接受爬跨翌日早晨配。

运用人工授精技术进行配种时,严格执行人工授精技术操作规程,是提高情期受胎率的基本保证。

3. 积极控制繁殖性疾病　牛的繁殖疾病类型很多,病因也很复杂。因此,必须分门别类,采取综合防治措施。对于先天性和生理性的不孕,如公、母牛生殖器官发育不正常,幼稚型卵巢,子宫颈狭窄、阴道狭窄、两性畸形、种间杂交后代不育以及公牛的隐睾等,应注意选择,淘汰。异性双胎中90%以上母犊先天性不孕,应及早淘汰。此外,老龄母牛繁殖力减退,也应及时淘汰更新。

对患传染性疾病如布氏杆菌病牛或滴虫病牛，应严格执行传染病的防疫和检疫规定按规定及时处理。对疑因传染病引起的难孕牛或流产牛，应尽快地查明原因，采取相应措施，以减少传染病的蔓延。对于卵巢疾病、生殖道疾病、产科疾病等非传染性疾病，应根据发病的原因，从管理、药物治疗等方面着手，做好综合防治工作。

4. 推广应用繁殖新技术

(1)提高公牛利用率的新技术　人工授精技术是当前提高种公牛利用率最有效的手段。随着冷冻生物技术的发展，该技术在牛的精液冷冻保存上发展最快，尤其在奶牛和肉牛，目前已形成一套完整定型的生产工艺流程。冷冻精液便于开展国际、国内种质交流，冷冻精液的使用极大地提高了优良公牛的利用效率，加速品种育成和改良的步伐，同时也大大降低了生产成本。

(2)提高母牛繁殖潜力的新技术　提高母牛繁殖潜力的新技术主要有超数排卵和胚胎移植技术、胚胎分割技术、活体取卵母细胞技术、卵母细胞体外成熟和体外受精技术、胚胎细胞和体细胞克隆技术等。这些技术目前已获成功，有的并在一定范围内得到推广应用。值得注意的是，推广应用这些新技术所提高的繁殖效率较高，但成本比常规技术高。因此，应用这些繁殖新技术时最好与育种结合起来，即应用这些新技术来提高优秀种母牛的繁殖潜力，以提高畜牧生产的经济效益。只有这样，才能进一步推广应用于这些繁殖新技术。

(七)牛的繁殖记录档案

1. 繁殖记录本　从事牛繁殖配种的技术人员必须备有繁殖记录本，随身携带。用于随时观察记录牛只发情、异常行为、子宫分泌物状况，以及配种、验胎、流产等各种信息。随后记载入繁殖档案卡或输入电脑。

2. 繁殖工作分类册　每天应将繁殖记录本所记的信息内容进行整理，按发情、配种、繁殖障碍等分类造册或输入电脑。

3. 繁殖档案卡　对每头牛从初情期开始都应建立繁殖档案卡。其记录内容包括牛号、所在场、舍别、出生日期，父号、母号，发情期、配种日期和与配公牛号，验胎结果和预产日期、复验结果，分娩或流产、早产日期，难产或顺产，犊牛号以及重大繁殖障碍摘记等。上述内容应及时记载入卡。

4. 繁殖力评定指标

(1)受胎率　即总受胎率。指配种后受胎的牛数与参与配种的母牛数之百分比，主要反映配种质量和母牛的繁殖功能，可用如下公式表示：

$$受胎率(总受胎率,\%)=\frac{妊娠母牛数}{配种母牛数}\times 100\%$$

以繁殖年度统计，即由上年 10 月 1 日至当年 9 月 30 日；在年内受胎 2 次以上的母牛(包括正产受胎 2 次和流产后受胎的)，受胎头数和受配头数应一并统计，即各计为 2 次以上；配种后 2 个月内出群(淘汰、死亡、出售)的母牛不能确定妊娠者不统计，配种 2 个月后出群的母牛一律参加统计；以配种 60～90 天的妊娠检查结果，确定受胎头数。总受胎率一般为 85%～95%。

由于每次配种时总有一些母牛不受胎，需要经过 2 个以上发情周期(即情期)的配种才能受胎，所以受胎率可分为第一情期受胎率、第二情期受胎率、第三情期受胎率和总受胎率或情期受胎率等，可用如下公式表示：

$$第一情期受胎率(\%)=\frac{第一情期配种受胎母牛数}{第一情期配种母牛数}\times 100\%$$

第一情期受胎率一般为 60%～70%。

$$第二情期受胎率(\%)=\frac{第二情期配种受胎的母牛数}{第二情期参与配种的母牛数}\times 100\%$$

$$情期受胎率(\%)=\frac{妊娠母牛数}{情期配种数}\times100\%$$

情期受胎率一般应为50%～60%。

(2)不返情率 即母牛配种后一定时期不再发情的头数占配种母牛总数的百分比。该指标反映牛群的受胎情况，与牛群生殖功能和配种水平有关。与受胎率相比，不返情率一般以配种母牛在配种后一定时期(如30天、60天、90天等)内没有再观察到发情作为受胎的依据，而受胎率则以直肠检查或分娩和流产作为判断妊娠的依据，母牛不返情不等于受胎，因此不返情率值往往高于实际受胎率值。如果两值接近，说明牛群的发情排卵功能正常。不返情率一般应大于70%。

(3)配种指数 指每次受胎所需的配种次数。是反映配种受胎的另一种表达方式。一般要求达到1.7～1.8，理想是达到1.5。

(4)产犊间隔 又称胎间距。指牛群全部母牛相邻两次产犊之间的平均天数。按自然年度统计；凡在年内繁殖的母牛，除1胎牛统计投产月龄外，都应统计，年内繁殖2次的应统计2次。流产也计为产1胎，遇到流产时，不足270天的胎间距不参加统计，超过270天的胎间距一并参加统计。产犊间隔一般为385天，理想是365天。

(5)年总繁殖率 指年内实际繁殖的母牛头数占应繁母牛头数的百分比。

$$年总繁殖率(\%)=\frac{年内实繁母牛头数}{年内应繁母牛头数}\times100\%$$

实繁母牛头数是指在自然年度即当年1月1日至12月31日内实际分娩的母牛头数，年内分娩2次的计为实繁头数2头，双胎以1头计；妊娠7个月以上早产计为实繁头数，妊娠7个月以下流产不计为实繁头数；年内出群的母牛，凡产犊后出群的参加当年计算，未产犊而出群的可不参加计算；年内调入的母牛，在年内产犊的，分子、分母各算1头，未产犊的不统计。

应繁母牛头数是指年初(1月1日)18月龄以上的母牛头数加上年初未满18月龄而提前配种并在年内分娩的母牛数。一般年总繁殖率应大于80%。

(6)流产率　指流产的母牛头数占受胎母牛头数的百分比。流产率一般为3%～7%。

(7)犊牛成活率　指出生后3个月时犊牛的成活数占产活犊牛数的百分比。一般应大于90%。

(8)双胎率　指产双胎的母牛数占分娩母牛总数的百分比。中国荷斯坦牛双胎率一般为3%～4%。

第五章　奶牛的标准化饲养管理

一、奶牛的营养需要和日粮配合

(一)奶牛的营养需要

奶牛的营养需要是指每头奶牛每天对干物质、能量、蛋白质、矿物质、维生素和水等营养物质的需要量。因奶牛的品种、生产水平、体重、年龄等不同,对营养物质的需要在数量和质量上都有很大差别。

奶牛的营养需要从生理活动角度可分为维持和生产两方面。维持是指维持生命活动和保持健康所需要的营养物质;生产是指生长发育、繁殖、产奶、增重所需要的营养物质。满足奶牛的营养需要,可使奶牛体型增大,乳房发育良好,产奶量提高。

1. 维持的营养需要　成年牛既不生长,又不妊娠、泌乳,每天食入的营养成分以保持体重、健康、体组织成分的恒定。在这种情况下的营养需要称为维持的营养需要。“维持”只是从理论上的提法。实际上处于维持状态的动物,其组织并非静止不变,而是依然处于不断更新的动态平衡之中。所以,维持状态的奶牛亦需要按日补充能量和多种营养物质,以维持其正常的生理活动。

(1)能量的需要　奶牛所需的能量来源主要有糖、淀粉、纤维素、脂肪等碳水化合物及类脂类。当动物处于饥饿状态时,机体每天所产生的热量可以用呼吸测热室测量。这种热称为基础代谢热。基础代谢热(也称饥饿代谢热)和动物的体重,尤其是代谢体重($W^{0.75}$)成一定的比例关系,基础代谢热(兆焦/天)= 0.293 $W^{0.75}$。根据基础代谢热的数值可以计算出不同条件下的维持需要。

根据基础代谢估计的维持需要，还应加上牛随意活动所消耗的能量，在舍饲条件下增加10%～20%，放牧时要增加50%。另外，不同气温条件下的维持需要也不同。

(2)蛋白质的需要　牛体内的蛋白质代谢是不间断的。因此，在维持状态下，必须喂给牛一定量的蛋白质，以补充牛体内正常蛋白质的消耗。维持蛋白质需要量是通过测定动物在绝食的状态下体内每天所排出的内源性的尿氮(EUN)、代谢性的粪氮(MFN)以及毛、皮等代谢物中的含氮量之后，经过计算而得的。

维持时的可消化粗蛋白质需要量(克)＝ $3.0W^{0.75}$，不足200千克的小牛为 $2.6W^{0.75}$。如1头600千克活重的牛，内源性氮的排出量为44克，相当于(44 × 6.25)275克组织蛋白质。由于蛋白质的生物学价值为0.8，因而每天可消化蛋白质的需要量为275 ÷ 0.8 ＝ 344(克)，相当于 $3.0W^{0.75}$。

如果以粗蛋白质表示，由于牛对粗蛋白质的消化率约为0.65，所以维持时的粗蛋白质需要量为 $4.6W^{0.75}$ 克。

(3)矿物质的需要量　牛维持需要的矿物质用量不大，但不可缺少，主要是钙、磷和食盐。维持需要每100千克体重给6克钙和4.5克磷，食盐3克。除此之外，牛还需要少量的钾、镁、铁、锌、碘、硒等。

(4)维生素的需要　奶牛瘤胃能合成B族维生素、维生素C和维生素K，而对维生素A、维生素D、维生素E不能合成，需要从日粮中摄取。

2. 产奶的营养需要　牛奶含有丰富的营养物质，是犊牛的天然饲料，也是人类的营养食品。奶中的营养物质来源于饲料。饲料中的养分经消化吸收后进入血液，由乳腺将血液中的养分直接选择性吸收为奶的成分；或乳腺细胞利用血液中的葡萄糖、氨基酸等合成奶的成分。1头奶牛1个泌乳期(305天)的产奶量一般为

5 000～7 000 千克，产奶量的高低虽然有很多因素的影响，但是营养水平是一个重要条件。

(1)能量的需要 产奶母牛代谢强度大，约比非产奶期高 1 倍左右。因此，产奶牛的维持需要要比一般牛高，对第一胎的母牛应提高 20%，第二胎提高 10%。

产奶的能量需要是依据牛奶成分、产奶量及饲料转化为奶的有效率计算的。一般将不同乳脂率折算成 4% 乳脂率的标准奶。我国奶牛饲养标准的能量体系采用产奶净能，以奶牛的能量单位(NND)表示，即以 1 千克含乳脂 4% 的标准奶所含产奶净能 3.138 兆焦作为 1 个奶牛能量单位(NND)。

产后泌乳初期的能量需要：产后泌乳初期阶段，母牛对能量进食不足，须动用体内贮存的能量去满足产奶需要。在此期间应防止过度减重。中国荷斯坦奶牛最高日产奶量一般多出现在产后 60 天以内。当食欲恢复后，采用引导饲养法。

(2)蛋白质的需要 蛋白质是奶的重要组成部分，产奶的蛋白质需要量可根据产奶量和奶中含量来确定。奶中含蛋白质约为 3.4%，则生产 1 千克奶需可消化蛋白质为 34 克 ÷ 65% = 52.3 克，粗蛋白质为 52.3 克 ÷ 65% = 80.5 克。根据试验结果，产奶牛可消化粗蛋白质的需要量为奶中蛋白质含量的 1.4～1.6 倍。因为，奶牛对饲料中可消化粗蛋白质的利用率为 60%～70%；饲料中粗蛋白质的消化率为 60%～70%。平均每千克标准乳给粗蛋白质 85 克或可消化粗蛋白质 55 克。

(3)矿物质的需要 牛奶中含有矿物质较高，为 0.4%～1%，故在日粮中必须添加一定量的矿物质饲料，以满足产奶母牛的需要。主要添加的矿物质有钙、磷、钠、氯。并根据不同地区补充碘、铁、硒等微量元素。矿物质的添加量占混合精饲料的 2%，每千克标准奶给 4.5 克钙和 3 克磷。钙、磷比为 2～1.3：1。每产 1 千克标准奶给 1.2 克食盐。

(4)维生素的需要 奶牛在瘤胃内不能合成维生素 A、维生素 D、维生素 E,需由饲料供给。奶牛对维生素 A 的需要量,每 100 千克体重应供给 19 毫克胡萝卜素。对维生素 D 的需要量,成年母牛每天每头 1 500～2 000 单位,对高产奶牛在分娩前 1 周至产后第一天,每天应增喂 300 单位,以防止产后瘫痪。

奶牛在瘤胃内可以合成 B 族维生素和维生素 K,因而一般不需补充。

3. 生长的营养需要 犊牛出生后,为了充分发挥其生长优势,为产奶、产肉或繁殖等生产目的打下基础,必须从外界饲料中喂给大量的营养物质。牛的生长发育是一个复杂的变化过程。饲养条件的好坏直接影响牛的生长发育速度和成年后的生产性能。

(1)能量需要 生长母牛的能量需要为维持能量需要加增重维持需要,为基础代谢热加上 10%的活动能量需要。

生长母牛基础代谢热(兆焦/天)$=0.531W^{0.67}$。

生长母牛的干物质参考给量(千克)$=$ NND $\times$ 0.45

生长公牛的维持能量需要与生长母牛相同。由于生长公牛增重的能量利用效率比生长母牛稍高,故生长公牛增重的能量需要按生长母牛的 90%计算。

(2)蛋白质的需要 犊牛生长迅速,增加的体重主要是水分和蛋白质。蛋白质是组成肌肉的主要原料,所以对幼龄牛的生长发育极为重要,而且必须从日粮中供给。蛋白质供给的数量必须适中,过高,不仅浪费蛋白质,而且还会增加肾脏的负担,影响健康;过低,影响幼龄牛的生长发育。同时日粮中供给的蛋白质还要考虑到氨基酸的种类、数量、品质等。

体重 100 千克 以上的生长牛可消化粗蛋白质的利用效率为 46%。幼龄时效率较高。体重 40～60 千克为 60%;体重 70～90 千克为 50%。

维持的可消化粗蛋白质需要,200 千克体重以下为 $2.6W^{0.75}$

(克),200千克以上为$3W^{0.75}$(克)。

生长母牛的需要包括维持在内的粗蛋白质日供应量(供参考):0～1月龄250～260克,1月龄250～290克,2月龄320～350克,3月龄350～400克,4月龄500～520克,5月龄500～540克,6月龄540～580克,7～12月龄600～650克,13～18月龄640～680克,青年牛期750～780克。

哺乳期间犊牛日粮中粗蛋白质水平应为22%～24%,3～6月龄16%～18%,7～8月龄14%,12～18月龄12%。

在蛋白质的使用过程中还应考虑到它们的降解率不同,便于合理使用蛋白质饲料。

(3)*矿物质的需要*　生长时期需要的矿物质主要是钙、磷。它们是生长发育过程中构成骨骼的原料,如供应不足就会形成佝偻病。不同活重及日增重的牛的钙、磷需要量,其比例最好为1.3～2∶1,但在50～100千克活重之间发生了明显的变化,其原因在于50千克的牛其日粮为富含钙质而且消化利用率较高的牛奶,而不含牛奶的日粮,其钙的利用率会从90%降至60%,其钙的补给量应增加50%。在使用尿素作为蛋白质饲喂牛时,还需要补充一定量的钙、磷、硫。

生长牛钙的维持需要每100千克体重给6克,每千克增重给20克。磷的维持需要每100千克体重给5克,每千克增重给10克。

4. 繁殖的营养需要　日粮中营养水平直接影响到发情、排卵、受精和妊娠等繁殖功能。适当的高营养水平,可使内分泌系统代谢旺盛,提早性成熟,发情正常,妊娠进行顺利,产后泌乳性能好。若营养不良,内分泌功能受到影响,直接制约性功能,导致发情和排卵不正常,严重影响妊娠的顺利进行,以至造成胚胎的早期死亡和流产。为了确保母牛能正常地繁殖,必须根据营养需要的规律去饲养。

(1)能量的需要　幼龄母牛的日粮中能量不足可以使初情期延迟,影响以后的繁殖功能。营养试验结果表明,营养水平对性成熟的年龄有显著影响(表 5-1)。

表 5-1　营养水平对荷斯坦小母牛性成熟的影响

营养水平(饲养标准的%)	62	100	146
小母牛头数	33	34	34
第一次发情月龄	20.2	11.2	9.2
第一次发情体重	303	265	277

低营养水平的母牛第一次发情的月龄比正常营养水平的延迟 9 个月,比高营养水平的延迟 11 个月,同时乳房发育不正常,犊牛出生后死亡率高。

成年母牛日粮中能量不足时,亦可导致卵巢功能萎缩,发情不正常,受胎率低等现象。但日粮中能量水平过高,易使牛肥胖,致使垂体内分泌功能抑制,性欲不正常。此外,还可造成卵巢周围脂肪蓄积过多,造成卵泡不能正常发育和排卵。一般以膘情在七八成为宜。

青年母牛配种妊娠后,营养除供应本身的维持需要外,胎儿和胎盘的生长、子宫的增大、乳腺的发育及母牛的增重都需要营养。因此,妊娠代谢率提高,营养需要显著增加,尤其是妊娠后期更为明显。胎儿的 80% 增重是在最后 2～3 个月内完成的。据报道,妊娠 3 个月胎儿大约重 3 千克,6 个月为 6.36 千克,7 个月为 10.67 千克,8 个月为 16.5 千克,9 个月为 45.45 千克。上述结果表明,胎儿体重的 80%是在最后 2～3 个月内形成,特别是最后 1 个月增长特别快。

同时子宫内容物,如胎儿、胎衣、胎水及子宫体的增重,所需要的营养物质也均需要在妊娠期的日粮中供给。因此,妊娠母牛的营养水平不仅仅影响到胎儿生长及母体产奶性能的发挥,而且还要影响到下一个产奶期的产奶能力。

母牛妊娠后的同化作用明显大于异化作用，而且对饲料的消化率、利用率都有提高。这个时期，母牛从日粮中获得的各种营养物质，优先满足胎儿中枢神经系统的需要。如日粮中营养成分不足，则首先停止体内脂肪的沉积，其他组织增长速度缓慢；如供应的营养更少时，则不仅不能沉积脂肪，同时肌肉也停止生长，原有的脂肪也被部分消耗，以弥补热能供应不足，但此时胎儿的脑、骨骼继续生长。当营养继续降低时，骨骼也停止生长，肌肉和脂肪需分解一部分，用以维持胎儿的生命，供给胎儿神经系统的生长。当营养极少时，胎儿即发生死亡而流产，营养严重缺乏时，母体也可能造成死亡。

(2)*蛋白质的需要*　蛋白质是保证生殖器官发育良好、母牛受孕和胎儿正常发育的重要条件。日粮中蛋白质供应不足，会造成母牛发情规律不正常，母牛不孕和影响胎儿生长发育。但蛋白质过多也会增加不孕率。

妊娠母牛在最后的 2 个月，胎儿和乳腺组织的蛋白质增加很快，蛋白质的需要量比维持高 70%～80%。目前，我国试行的牛的饲养标准，以 500 千克妊娠母牛为例，在每天维持的基础上增加 130 克可消化粗蛋白质(可根据妊娠的不同时期增加日饲喂可消化蛋白质的量：妊娠 6 个月时 77 克；7 个月时 145 克；8 个月时 255 克；9 个月时为 403 克)。如果母牛体重大，胎儿一般也较大，所需要的蛋白质也应适当地增加。

(3)*矿物质的需要*　矿物质与牛的繁殖密切相关，在生产实践中应特别注意钙、磷及某些微量元素。当日粮中缺乏矿物质时，牛的繁殖力降低。Paugh 等(1985)综述了矿物质对牛繁殖力的影响(表 5-2)。

表 5-2 矿物质对繁殖力的影响

矿物质缺乏或过量	症 状
钙缺乏	子宫复原延迟,小黄体,卵巢囊肿,胎衣不下
钙过量	繁殖力降低,睾丸变性
锰缺乏	不发情,不孕,流产,卵巢变小,难产
铜缺乏	不发情,繁殖力降低,公牛性欲下降,睾丸变性
钴缺乏	公、母牛无繁殖力,初情期推迟,卵巢无功能,流产,生弱犊
锌缺乏	卵巢囊肿,发情异常,睾丸发育延迟,睾丸萎缩
硒缺乏	胎衣不下,流产,产死犊或弱犊
碘过量	流产,产畸形犊
钼过量	初情期推迟,不发情
碘缺乏	繁殖力降低,睾丸变性,卵巢活性降低,初情期推迟,小黄体,不发情,受胎率降低,弱胎或死胎

当奶牛日粮中缺磷和钙,或二者比例不当时,可导致母牛卵巢萎缩,性周期紊乱或不发情,因而屡配不孕或胎儿发育停滞、畸形和流产,或产出生活力弱的幼犊。

钙和磷在日粮中的比例与牛的繁殖性能关系也很密切。有报道认为,钙、磷比小于 1.5∶1 时可引起母牛受胎率降低,产犊时发生难产和胎衣不下,并容易发生子宫和输卵管炎症;钙、磷比例大于 4∶1 时,繁殖性能下降,发生阴道和子宫脱垂、子宫内膜炎、乳房炎等产后疾病。

钠、钾在奶牛体内除了共同参与体液的酸碱平衡和渗透压的调节外,与奶牛的繁殖性能也有密切关系。青年牛缺钠,使蛋白质和能量的利用率下降,生长停滞,生殖道黏膜炎症,卵巢囊肿及性周期不正常,胎衣不下等。研究表明,钾与钠的比例以 5∶1 为宜,当钾、钠比例大于 10∶1 时,会导致缺钠引起的母牛繁殖障碍。

奶牛日粮中镁的含量低时，可导致繁殖障碍，主要表现为不发情、受胎率低、流产和初生重小。妊娠母牛缺镁可引起胎儿骨骼发育不良，易骨折，犊牛出生后血镁低，严重的可引起痉挛，甚至死亡。

微量元素对牛虽然需要量很少但与牛的繁殖有密切关系。

牛日粮中缺碘，可引起甲状腺功能紊乱，垂体分泌促性腺激素水平下降，因而造成母牛不发情，不排卵，屡配不孕。妊娠母牛缺碘，可导致甲状腺功能受损，使胎儿发育不正常、体弱、胚胎死亡或流产。有的虽能产犊，但犊牛体重小，皮毛粗糙，生活力低。

微量元素锌缺乏可导致发情紊乱，初情期和产后发情推迟，母牛长期缺锌，可发生卵巢萎缩，卵巢功能衰退等。

硒过去一直被人们忽视，现在研究认为，饲料中缺硒可使母牛受胎率下降，以及胚胎易被吸收，繁殖力下降。其原因是缺硒会导致谷胱甘肽过氧化酶活性降低，影响细胞的正常功能，危害细胞膜的健康，进而繁殖力下降。

其他微量元素铁、铜、钴等都与母牛的繁殖力有一定的关系，缺乏时造成发情不正常，卵巢功能降低。

(4)维生素的需要　维生素对牛的健康、生长、繁殖和泌乳都有重要作用。对于母牛要特别注意满足维生素 A、维生素 D、维生素 E 的需要，因为与繁殖的关系极为密切。要保持牛的正常繁殖功能，每 100 千克体重需从饲料中提供 18～19 毫克胡萝卜素或 7 500 单位维生素 A。维生素 A 缺乏时，可引起母牛阴道上皮组织角质化，流产，胎儿发育异常，弱胎或死胎，胎衣不下和子宫炎症等。缺乏维生素 A 还能使垂体促性腺激素的活性降低，卵泡闭锁，性周期不正常和不易受胎。

另据研究，β胡萝卜素对牛的繁殖有特殊作用，与卵巢黄体的正常功能有关。奶牛妊娠最后 2 个月缺乏胡萝卜素，则可引起胎衣不下，产后子宫复原不全。分娩后缺乏可导致产奶量下降和不孕等。

维生素 E 与牛的繁殖关系也很密切，故称“生育酚”。许多研究者论述了维生素 E 和硒的相互关系，认为当日粮中缺乏维生素 E 和硒时，则母牛受胎率将显著下降，胚胎被吸收，胎盘坏死及死胎。

维生素 D 与钙、磷代谢关系密切。维生素 D 不足，则影响磷、钙的吸收，因而导致磷和钙的缺乏，因此引起母牛繁殖力下降。主要是卵巢功能不正常，初情期延迟，性周期紊乱，不发情，屡配不孕或胎儿畸形、死胎、犊牛成活率下降。

(5)水的需要　牛身体的 50%～65%由水组成，奶中 87%左右也是水。水为一种溶剂，在动物体内起着运输的作用，将营养物质送入血液，将废物带走，并起着调节体温的作用。牛不吃饲料能够活几天；如果不给水，只能忍受很短的时间。

奶牛生产 1 千克牛奶需 3.5～5.5 升水。粗略地说，在平常的气温下，每 100 千克体重要求每天供给 10 升水。在热天每 100 千克体重饮水量增加到 12 升。为此，必须有充足的清洁、优质、无污染的水源。牛体从外界吸收和排出的水处于动态的平衡(表 5-3)。

饲料中水分的多少和饲料类型也影响水的消耗量，但总的说来对水分的需要量与体重的大小成正比。供水不足将影响产奶量和体重。

表 5-3　牛体内的水平衡

吸　收	量(升)	排　出	量(升)
饮　水	51	尿	11
饲料水	2	粪	19
氧化水	3	皮肤、肺	14
		奶	12
合　计	56	合　计	56

5. 种公牛的营养需要　种公牛的能量需要应根据保持正常采精和种用体况而定。

种公牛的能量需要(兆焦)$=0.398W^{0.75}$

粗蛋白质需要(克)$=6.15W^{0.75}$

种公牛的日粮干物质给量(千克)$=NND\times0.6$

(二)奶牛的饲养标准和日粮配合

1. 饲养标准　奶牛饲养标准是根据奶牛不同年龄、性别、体重、生理状况和生产性能等条件，应用科研成果并结合生产实践经验所规定的1头奶牛应供给的能量和各种营养物质的数量。实践证明，按照饲养标准所规定的营养供给量饲喂奶牛，对提高奶牛生产性能和饲料利用率有着明显的效果。1987年，我国制定了奶牛饲养标准。饲养标准是奶牛群体的平均需要量，不能准确地适合每头奶牛，一般有5%～10%的差异，所以在实际工作中不能完全按照饲养标准机械地套用于每头奶牛，必须根据本场奶牛的体况、产奶水平，以及当地的饲料来源，对实际需求量进行适当的调整。

2. 日粮配合　日粮是指动物1昼夜按定量或不定量采食的饲粮数。饲粮系指根据动物营养需要，由多种多样饲料科学组合加工而成的批量饲料。科学配合饲粮，是提高畜牧生产水平、饲料利用率和降低生产成本的重要措施。现行饲养标准虽然有两种表达形式，即每天每头奶牛的营养需要及每千克饲料中的营养含量，但其配合原则与方法却是基本一致。现将日粮配合原则及方法简要介绍如下。

(1)奶牛饲料的选择　奶牛饲料分为粗饲料、精饲料、补加饲料。

①粗饲料　包括青干草、青绿饲料、农作物秸秆等，具有容积大、粗纤维含量高、能量相对较少的特点。一般情况下，日粮中粗饲料中的干物质不应少于总干物质的50%，否则会影响奶牛的正常生理功能。

②精饲料　包括能量饲料、蛋白质饲料以及糟渣类饲料，含有较高的能量、蛋白质和较少的纤维素，供应奶牛大部分能量和蛋白质需要。

③补加饲料　一般包括矿物质饲料及添加剂等，在日粮干物质中占量很少，但也是维持奶牛正常生长、繁殖、产奶所必需的营养物质。

(2)日粮配合原则

①以饲养标准为依据　配合日粮必须以饲养标准为依据，结合本场自然环境条件、饲料品质、牛的生产水平等具体情况，依据饲养标准做相应调整。

②饲料应多样化　多种饲料配合，饲料中的某些营养成分可以起到互补作用，从而提高饲料的利用效率。

③必须适合牛的消化器官的特点　牛是反刍动物，有巨大的瘤胃，必须考虑到在日粮中有一定体积的干物质和粗纤维饲料。高产奶牛(日产奶量20～30千克)，干物质的需要量为体重的3.3%～3.6%；中产奶牛(日产奶15～20千克)为2.8%～3.3%；低产奶牛(日产奶量10～15千克)为2.5%～2.8%。日粮中粗纤维的含量，泌乳早期15%～16%(高产牛群)；泌乳中期17%～18%(中产牛群)；泌乳后期18%～20%(低产牛群)；干奶期19%～20%(干奶牛群)。如果粗纤维含量低会影响奶牛正常消化和新陈代谢过程。这就要求干草和青贮饲料不应少于日粮干物质的60%。

④精饲料不可少　精饲料是奶牛日粮中不可缺少的营养物质，其喂量应根据产奶量而定，一般每产3千克牛奶饲喂1千克精饲料。

⑤选择饲料要注意经济效益　饲料费用是养牛业中的一项最大支出，因此选择饲料要因地制宜，充分利用当地的饲料资源，采用营养物质既丰富、价格低廉的饲料。

⑥注意日粮的适口性　饲料的适口性好，牛爱吃，就能保证采食量和营养需要。还要注意选用易消化的饲料，严禁变质、霉烂的饲料配入日粮。

(3)日粮配合方法　日粮配合方法有试差法、方块法等。配合日粮时，先从奶牛饲养标准中查出每天营养成分的需要量，从饲料成分及营养价值表中查出现有各种原料的营养成分。然后合理搭配，配合成平衡日粮。

①试差法日粮配合及步骤　1头体重550千克，产奶18.3千克、乳脂率为3.5%的奶牛所需的营养标准见表5-4。

表5-4　营养标准

营养标准	干物质(千克)	奶牛能量单位(NND)	可消化粗蛋白质(克)	钙(克)	磷(克)
维持需要	7.04	12.88	341	33	25
产奶需要	6.77	17.02	952	77	51
安全系数25%*	3.45	7.48	323	28	19
标准(合计)	17.26	37.38	1616	138	95

注：* 25%安全系数与胎次(头胎和二胎)、温度、运动等有关

首先，给予一定量的精饲料来满足其维持需要，查营养价值表，并计算(表5-5)。

表5-5　精饲料营养价值计算

饲　料	用量(千克)	干物质(千克)	奶牛能量单位(NND)	可消化粗蛋白质(克)	钙(克)	磷(克)
玉米粉	2.56	2.23	6.78	170	2.05	10.24
混合粉	1.65	1.43	3.83	215	15.31	11.63
稻谷粉	1.15	1.0	2.17	61	8.86	3.51
麦　麸	1.31	1.16	2.55	143	2.88	14.28
豆　饼	1.08	0.96	2.72	310	2.05	10.69
棉籽饼	0.89	0.75	2.15	167	1.87	8.63
小　计	8.64	7.53	20.20	1066	33.02	58.98

其次，再以青、粗、多汁、块茎、糟渣和矿物质饲料来满足其产奶需要，并达到奶牛所需要的营养标准，具体计算如下(表 5-6)。

表 5-6 其他饲料营养价值计算

饲 料	用量（千克）	干物质（千克）	奶牛能量单位（NND）	可消化粗蛋白质（克）	钙（克）	磷（克）
糖 糟	2.18	0.60	1.18	261	1.31	1.53
玉米糟	5.26	0.79	2.05	79	1.05	1.05
包心菜	8.17	1.0	2.61	90	0.49	4.09
青贮玉米	14.46	3.62	5.78	116	14.46	8.68
干 草	3.34	2.94	4.78	155	20.37	5.68
青 草	2.0	0.69	1.02	48	2.80	2.20
矿补剂	0.17	0.17	—	—	57.63	11.22
复合磷	0.08	0.08	—	—	18.56	10.24
小 计	35.66	9.89	17.42	749	116.67	44.69

再次，上述两项相加与标准比较，所配日粮已达到和超过奶牛所需营养标准(表 5-7)。

表 5-7 营养成分比较

项 目	干物质（千克）	奶牛能量单位（NND）	可消化粗蛋白质（克）	钙（克）	磷（克）
实 耗	17.42	37.62	1815	149.69	103.67
标 准	17.26	37.38	1616	138.00	95.00
比 较	+0.16	+0.24	+199	+11.69	+8.67

根据上述，1 头体重 550 千克、日产奶 18.3 千克、乳脂率为 3.5%的奶牛其大致日粮配合比例为：精饲料 8.64 千克，糟渣 7.44 千克，青绿饲料 10.17 千克，干草料 3.34 千克，青贮饲料 14.46 千克，矿补剂 0.25 千克，总日粮 44.30 千克。

②方块法日粮配合及步骤　用含8%蛋白质的玉米和含44%蛋白质的豆饼，配合成含蛋白质14%的混合料，计算两种饲料的需要量。

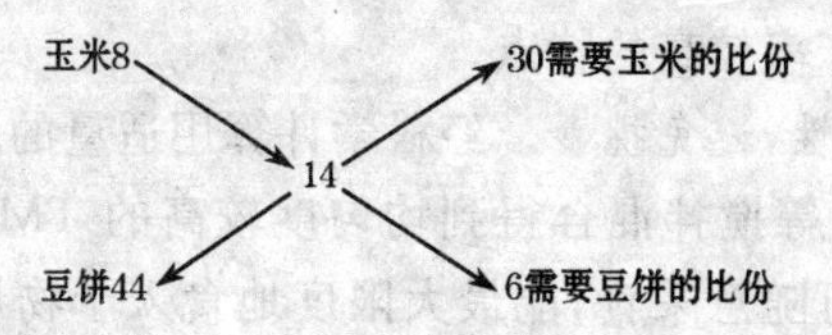

先在方块左边上、下角分别写上玉米的蛋白质含量8%和豆饼的蛋白质含量44%，中间写上所得到的混合料的蛋白质含量14%，然后分别计算在右边上下角的数与中间数的差，所得的差写在斜对角上，44－14＝30为玉米的使用量比份，14－8＝6为豆饼的使用量比份，两种饲料之和为36(即30＋6)，所以混合料中玉米的使用量应该是30/36，占83.3%，豆饼的用量是6/36，占16.7%。当需要配合2 000千克的混合料时，即83.3%×2000＝1666千克(玉米用量)，16.7%×2000＝334千克(豆饼用量)。

(4)日粮中维生素的平衡　以往认为奶牛很少缺乏维生素，然而实践证明，补饲维生素A及烟酸等，对于产奶牛的健康和生产是有利的。如奶牛没有得到质量好的粗饲料，可以每头牛每天补喂3万～6万单位的维生素A，或在奶牛产犊前2周的干奶期注射1万～2万单位维生素A；或用胡萝卜素在产犊后至再孕前这段时间饲喂，每头每天300毫克。烟酸能帮助提高泌乳水平，预防酮血症，每头每天可喂3～6克。

3. 全价混合日粮(TMR)　全价混合日粮(也称全混合日粮)是根据奶牛在不同的泌乳时期所需的各种营养成分的数量，把精饲料、各种添加剂和切碎的粗饲料(质量上等)混合在一起搅拌混匀，得到一种营养全面、相对平衡的日粮，这种日粮的英文缩写为“TMR”。

(1)全价混合日粮饲喂技术的优点

①省工又省事　TMR能与规模大、集约化程度高的奶牛场饲养相结合,尤其与散放饲养配套,在饲养管理方面既省工又省事,体现了劳动生产率较高的特点。

②能增强适口性,避免挑食　经科学计算用适量的精粗饲料、多汁饲料和诱食剂等搅拌混合得到均匀度较高的TMR,其适口性大大增强,奶牛可随意采食,能最大限度地食入干物质量,并可避免挑食,减少饲料浪费,消除瘤胃pH值随采食时间变化而变化的不良现象,保证瘤胃内环境的正常和稳定,有效地防止了高产奶牛的酸中毒和其他代谢障碍。

③便于及时调整配方及日粮的含水量　TMR便于根据不同牛群、各泌乳阶段的营养和生理需要,及时调整TMR配方及日粮的含水量,简化大量的搅拌、混合、饲喂、分发等操作,有效地控制日粮的营养水平,确保各项营养指标达到既定标准,满足奶牛的生产和维持需要等方面的营养。

此外,TMR能更好地开发和利用当地饲料资源,降低生产成本。

(2)应用TMR饲养技术的关键点

①合理分群　牛群要有一定的规模。定期测定个体牛的产奶量、乳脂、乳蛋白和每月评定奶牛体况,是实施TMR饲养技术的基础工作。

②确定日粮组成　根据牛群生产状况(产奶量、乳脂、乳蛋白、体况、泌乳阶段)制定精饲料配方和微量元素、维生素复合添加剂配方。根据本地饲料资源,确定入选粗饲料的品种及用量。根据奶牛的采食量和价格进行调整。还应考虑到奶牛对饲料的适口性,确定诱食剂及使用量。最后,核实各种饲料混合后奶牛能否采食到应有的数量,是否能够满足奶牛的营养需要,并进一步调整至合埋程度。

③经常检测TMR及各种原料的养分含量　测定组成TMR

原料的营养成分，是科学配制日粮的首要条件，即使是同一种饲料亦因产地、收割期及加工方法的不同，干物质及其他营养成分有较大差异，故应根据实测的营养结果来配制 TMR。对于制成的 TMR 亦应经常测定干物质和养分含量，调整 TMR 组成结构，使 TMR 的各营养含量达到合适的水平(高于最低极限)，以求 TMR 的实际采食量与推算采食量相等，确保奶牛得到应有的营养。

一般认为 TMR 的含水量应小于 50%，最好保持在 38%～47%。

④不间断饲喂 饲槽中不宜断料。

⑤观察 TMR 用后变化并适时调整 经常观察使用 TMR 的奶牛的食欲、体重和体况及产奶量、奶成分的变化，适时适量调整 TMR 配比。

⑥保证 TMR 达到技术指标 各种指标是以营养浓度计量表达的相对量，这就要求一方面计算正确和科学，考虑因素充分可靠，估测的奶牛采食量不可有较大偏差；另一方面还应做到各原料在混合前计量准确，混合时在较先进的专用混料车内进行，以求充分混合均匀。同时，该专用混料车还要接近牛房，便于卸料，科学分发，整个过程实行电脑程序化控制，从而克服混合不均、分发量不统一的矛盾。

虽然我国有的饲养模式和房屋结构不能实施正规的 TMR 技术，但是毕竟推行 TMR 后能收到良好的生产效果，不仅使奶牛生产潜力大大发挥，而且健康、病少。这种方法，能减少奶牛的消化道疾病，促使奶牛高产，减少饲料浪费，省工，降低生产成本。

二、奶牛各阶段的饲养管理

奶牛通过选种选配和培育能够得到由其后代组成的生产性能越来越高的牛群，这样的牛群也只有在科学的饲养管理条件下，其生产潜力才能不断挖掘，产生尽可能多的经济效益。奶牛的饲养管理可按生长阶段分为犊牛的饲养管理、育成牛的饲养管理和成年母牛的饲养管理。

(一)犊牛的饲养管理

1. 犊牛的饲养 牛的哺乳期一般是6个月，所以习惯以6月龄作为分界线。一般认为初生至6月龄的阶段为犊牛期。这时期正值奶牛生长发育最快的阶段，饲养管理的好坏直接影响到成年母牛的发育及以后生产性能等的发挥。因此，犊牛的培育是奶牛生产中的一项十分重要的工作。

(1)初生犊的护理

①清除黏液 人工哺乳的犊牛，不采用母牛舐黏液，以免造成恋仔、挤奶困难。犊牛出生后用毛巾或柔软的干草清除口腔和鼻孔内的黏液，尽快使犊牛呼吸。然后擦干体躯黏液。如果发现犊牛出生后不呼吸，可将犊牛的后肢提起，使犊牛的头部低于其他部位，或者倒提犊牛。倒提犊牛的时间不宜过长，以免内脏的重量压迫膈肌妨碍呼吸。一旦呼吸道畅通，即可进行人工呼吸(即交替地挤压和放松胸部)。也可用稻草搔挠犊牛鼻孔，或用冷水洒在犊牛的头部以刺激呼吸。

②断脐带 一旦犊牛呼吸正常，应立即将注意力集中在肚脐部位。犊牛出生时脐带有时自然扯断，多数情况下，残留在犊牛腹部的脐带有几厘米长。若没有扯断，应在距犊牛腹(壁)部10～12厘米处剪断，挤出脐带中的黏液并用5%碘酊消毒。

出生2天后应检查犊牛是否有肚脐感染。正常时脐带周围应当很柔软，肚脐感染的犊牛则表现出精神沉郁，脐带区红肿并有触痛感。脐带感染可能发展为败血症，引起犊牛死亡。正常情况下，脐带约在出生后1周干燥而脱落。

(2)哺乳

①喂初乳　初乳是母牛产犊后5～7天内所分泌的乳。初乳色黄黏稠,比常乳的干物质多,除乳糖较少外,其他含量都较常乳多,尤其是蛋白质、灰分和维生素。初乳具有很多特殊的生物学特性和功能:初奶蛋白质中含有大量的免疫球蛋白,对增强犊牛抗病力起关键作用;灰分中含有较多的镁盐,有助于犊牛排出胎粪,铁约为常乳的15倍,可防止缺铁性贫血;有较高的维生素A和胡萝卜素,对犊牛的健康与发育也有着重要的作用。

初生犊牛由母体子宫内到母体外,由于神经系统和某些器官功能尚未发育完善,适应新环境的能力较差,消化道黏膜容易被细菌穿过,皮肤保护功能差,神经系统反应性不足。所以,初生犊牛容易受各种病菌的侵袭而引起疾病,甚至死亡。为了增强其抵抗力和对新的外界环境适应能力,必须在犊牛产出后半小时内喂上初乳。犊牛吃到初乳后,免疫球蛋白以未经消化的状态透过肠壁被吸入血液后才具有免疫作用。随着生后时间的延续,此功能消失,这种现象称为肠壁闭锁(或肠黏膜上皮收缩)。犊牛初生时免疫球蛋白的直接吸收率最高约50%;生后24小时吸收极少量或不吸收。

②哺乳方法　犊牛吮吸奶头是天性。一般采用人工哺乳,用奶桶或奶瓶饲喂。

奶桶喂法:饲喂时,开始通常采用一手持奶桶,另一手中指及食指插入犊牛嘴中让其吸吮,当犊牛吸吮指头时,慢慢将奶桶提高,使犊牛紧贴牛奶面吸饮,习惯后则可将指头从口内拔出,如此反复数次即能自已吸饮。以饮水动作代替吮吸动作,低头向下,此姿势不利于食管沟的有效闭合,乳汁常进入瘤网胃,迅速发酵而导致臌气。

奶嘴式饲喂法:在奶桶底部边缘装一橡胶乳头,让犊牛吮吸乳头;或用塑料奶瓶来喂奶。这种喂奶方法迫使犊牛较慢地吸奶,符合犊牛吸奶行为，使奶能有效地直接进入真胃。

为防止犊牛腹泻，一般初乳的温度都应调到 35℃～38℃时方可饲喂。过低易引起犊牛胃肠功能失调，导致腹泻；太高则易因过度刺激而发生口炎、胃肠炎等，或犊牛拒食。

对于脂肪特高的初乳，可加入 1/4 的热水混匀后，饲喂 3 日龄以上的犊牛，对于喂奶困难的犊牛可用奶壶或奶嘴。

若母牛死亡或患病，则其所生犊牛应饲喂同环境下同期分娩的健康母牛的初乳，或用代乳料。代乳料主要是奶业副产品或大豆蛋白等，其蛋白质含量为 22%～24%，脂肪含量不低于 10%，粗纤维不低于 0.5%。或用豆浆 1 000 毫升（或常乳 500 毫升），新鲜鸡蛋 3 个、食盐 10 克、鱼肝油 15 毫升及糖适量组成。开始 5 天使用该奶时还要加 250 毫克土霉素，以后减半。该奶的喂量按犊牛体重计算，一般 100 毫升/千克体重。

哺喂犊牛的一切容器、用具，一定要清洗消毒。

③哺乳量　第一次初乳的喂量一般在 2 千克以内，体弱的为 1 千克左右，每天饲喂 3～4 次，每次的喂量基本相同。

④多余初乳的应用　母牛产后 5 天内的初乳是不能作商品奶出售的，而累计产初乳量在 80～120 千克，犊牛只能消耗 30%左右。剩余的初乳可用下列 3 种方法进行贮存。

发酵法：将剩余的洁净初乳放于干净塑料桶或木桶内，有条件的加盖密封，待一定时间后（10℃～15℃室温需 5～7 天，15℃～20℃需 3～4 天，20℃～25℃需 2 天）发酵成熟，即可饲喂犊牛或保存备用。如急用，可将发酵好的初乳作为发酵剂，按 5%～6%的比例加入待发酵的初乳中，在 10℃以上时 2 天即成，20℃以上 1 天即可。发酵好的初乳在贮存期间，最好搅拌 2 次/天，以免产生泡沫和大量的凝块。发酵初乳可喂 15 日龄以上的犊牛，以减少常乳的用量。

加防腐有机酸保存：在新鲜初乳中加入 0.7%～1.5%的丙

酸,32℃可保存3周,丙酸能使pH值降到4.6,从而抑制细菌生长。喂时应再加0.05%的碳酸氢钠以改善其适口性。

冷冻法:将未被污染的初乳冷冻到0℃以下保存,一般可存放6个月,冷冻初乳化冻后,经加热即可喂新生犊牛。

⑤哺喂常乳 常乳是指分娩7天以后健康母牛的乳。

初生犊牛一般在分娩5～7天转入犊牛舍内饲喂常乳。犊牛在5～7日龄后,由产房犊牛栏移到犊牛房内独圈(1圈1牛)饲养,犊牛圈的面积为5～8平方米。没有独圈饲养条件的亦可按5～10头为1群,分群饲养,但每头犊牛所占面积不得低于2平方米,同一群内的犊牛月龄、体重要基本一致。喂奶时应把每头犊牛夹在栅栏上,待奶喂完后,应用毛巾擦去嘴角唇边的奶渍后,再夹10～15分钟,待犊牛不再有吮吸行为后,方可放开自由活动,以免犊牛吃完奶后相互吸吮。对于那些体质差、瘦小的犊牛应剔开另养。犊牛看到牛奶即做摇头摆尾的动作,这是食欲旺盛的表现。

采用人工哺乳,奶温仍应保持在35℃～38℃,一般每天喂奶3次,但喂奶总量应控制在350～400千克。

(3)及时补喂精饲料 全乳喂量能满足蛋白质的需要量,而能量仅满足需要量的66%。此外,全乳中铁质和维生素D的含量较少,不能满足犊牛生长的需要。应适当补充植物性饲料。

犊牛出生1周后就应训练采食固体饲料——犊牛料,以补充营养和促进胃肠的发育。固体饲料可以促进瘤胃的发育,不仅是由于饲料的物理作用,而且主要是饲料在瘤胃发酵产生的挥发性脂肪酸,使瘤胃乳头的颜色变为暗褐色。

犊牛料又称开食料,不同于代乳料,以可口的植物性高能量籽实类及高蛋白料为主,也可用少量鱼粉,另加矿物质、维生素等,也可添加豆科草粉。是断奶前后专为适应犊牛需要的混合精料。

开始喂时,因有些犊牛不会采食,可采用诱食的办法,即将精饲料粉碎,涂于犊牛嘴四周及口中,或置少量于奶桶底,引导采食。

起初的几天精饲料用量应少些，开始每头喂干粉料10～20克，数天后可增加到80～100克。待适应一段时间后，再饲喂“干湿料”，即将干粉料用水拌湿，经糖化后喂给。一般30日龄的犊牛精饲料的日喂量为200～300克，60日龄时根据饲养状况日喂量可增加至600～1000克。

犊牛的精饲料组成比例(参考)为：玉米32%，麸皮26%，大麦7.5%，豆饼20%，芝麻饼4%，花生饼4%，鱼粉1.5%，食盐1.5%，骨粉1.5%，石粉2%。

(4)喂给优质粗饲料　为促使犊牛的瘤胃尽早发育，必须在消化道功能完善前喂给粗饲料，但其质量要好，以达到刺激瘤胃发育的目的。饲喂的粗饲料应注意3个方面。

一要补喂干草。犊牛7日龄左右，其习性即开始采食干草，故可在饲槽里放少许优质干草任其自由采食，以促进瘤胃发育，同时还能防止舐食异物。

二要补喂青绿多汁料。犊牛14日龄就可在饲槽中放少量切碎的胡萝卜、南瓜、幼嫩的青草等，让其自由采食，60天时其日采食量可达2千克以上。

三要饲喂青贮饲料。牧场青贮饲料是奶牛的基本粗料，适时让犊牛采食青贮饲料是很重要的，一般20～30日龄就可在饲槽撒少量青贮玉米等青贮料，45日龄后再增加优质青贮玉米的供给量，从2月龄开始喂给，每天100～150克，3月龄时可喂到1.5～2千克，4～6月龄增至4～5千克，以满足犊牛对粗饲料的需求量。

(5)给犊牛饮水　15日龄内的犊牛，其饮用的水应经杀菌消毒且水温保持与奶温相同，待15日龄后可改用洁净温水，30日龄后改用自来水，可在运动场内设水槽任其自由饮用。冬天，切忌让犊牛饮用冰冻或刚融化的冰水，以防犊牛腹泻，必须想方设法让犊牛饮用10℃以上的温水，以确保其正常的生长发育。另外，还应防止因天冷水槽中的水结冰而无法饮水的现象。

(6)补喂抗生素　为防止犊牛腹泻和患肺炎，可在饲喂日粮的同时，补喂抗生素。如在出生后的3～30天内，每天喂给250毫克的金霉素(可溶于奶中)，这不仅能使犊牛更健康发育，还能获得较高的生长速度。

(7)断奶期的饲养　随着犊牛日龄的增长，其消化系统快速生长发育，到60～70日龄时，犊牛消化器官的功能已基本完善，各种消化腺已能发挥应有的作用，即可断奶。早期断奶不仅不影响犊牛生长发育，而且可以节约大量全乳，降低后备牛的培育成本。具体方法：在断奶前半个月左右，开始逐渐增加精、粗饲料喂量，减少牛奶的喂量。每天喂奶次数由3次改为2次。临断奶时，可由日喂2次改为1次或隔日1次。然后全部停喂。也可先用温水以1∶1比例掺入牛奶中，以后改为全部温水。断奶后，犊牛每天只能通过食入的精、粗饲料摄取营养。为了让瘤胃及其他消化器官更进一步的发育，故应供给大量的粗饲料，但又因要追求生长速度(日增重不低于700克/天)，故需供给一定量的精饲料，一般认为断奶时的精饲料用量每天应在1 000克左右。3月龄时，精饲料用量应达到1.5～2千克，在这个阶段的供给营养总原则，是最大限度地供给粗饲料，补充适量精饲料以满足其营养需求，则120日龄前让其自由采食优质粗饲料，营养的不足部分由精饲料借给，以1.7千克左右的精饲料为宜，120日龄后可辅用一般质量的粗饲料，精饲料的用量应得到控制，一般不超过2千克/头·天。

2. 犊牛的管理

(1)饲养栏　出生后至少1周，犊牛需单栏饲养，保护脐带。1周以后年龄接近的犊牛可进行群栏饲养。群栏要有颈枷，喂奶不拥挤，也便于定量。喂过奶，嘴上用毛巾擦干净，再待15～20分钟奶瘾过后再放在一起。

(2)环境与卫生　新生犊牛最适宜的外界温度为18℃左右。因此，应给予保温、通风、光照等良好的舍饲环境，逐步培养犊牛对外界环境的适应能力。

由于犊牛初生时各器官尚未发育健全，机体的调节功能较差，稍不注意卫生，犊牛则会发生消化道疾病，如腹泻。在寒冷季节还应注意犊牛保暖，否则易患呼吸道疾病（如肺炎），这些都会极大地影响犊牛的生长发育，严重时会导致死亡。要保证犊牛卫生，首先必须及时清洗饲喂时使用的所有用具，并定期消毒。对于哺乳犊牛要防止养成相互乱舐的舐食癖；其次，保持牛栏及牛床干燥，经常更换清洁干燥的垫料，做到勤打扫，不积粪尿，犊牛活动区要定期消毒，保持清洁干燥，确保犊牛舍内直射阳光充足照射，通风良好，并有夏防暑、冬防寒的设施。

（3）刷拭　刷拭犊牛的皮肤，促进了皮肤的血液循环，保持皮肤的清洁，以减少外寄生虫孳生的可能性。一般采用软毛刷刷拭犊牛的皮肤，每天1～2次。

（4）运动和调教　犊牛7日龄后就可在圈内或笼内自由运动，10日龄以后还可到舍外的运动场上做短时间的运动，一般开始时每次运动半小时，1天运动1～2次。随着日龄的增长可延长运动时间。

为了让犊牛养成良好的采食习惯、温驯的性格，做到人牛亲和，饲养员应有意识地经常接近它，抚摸它，刷拭它，在做这些工作时，即使牛有伤人的行为，也不可打骂，以便消除犊牛对人警戒的对抗行为。

（5）称重　为了掌握犊牛的生长发育状况，调整日粮养分的供给，应在初生、3月龄、6月龄时称重。

（6）编号　为了易于识别犊牛，并记载个体的各种性状，需对犊牛编号，编号最好按当地有关管理部门的要求统一进行排列。犊牛编号应是终生的，为便于以后各阶段的管理，号码要保留在躯体的易观察部位。编号的办法有下列几种。

①耳标法　由塑料或橡胶制成，能写下奶牛编号的小标牌（即

耳标)。制作时先在耳标上用不褪色的色笔写下犊牛编号,然后用耳号钳固定在牛的耳朵上,有字的一面应易于看清。本法在奶牛场广泛使用。

②烙号法　用液氮在有黑毛的皮肤上烙号,受液氮刺激的部位长出的新毛为白色,较易识别。

③笔录法　用蘸有硝酸银溶液的笔在奶牛的显要部位(白色毛区)写上号码,留下的字为红色或褐色。此法应在晴天进行,写的号码一般可保持1～2个月。

④截耳法　用特别的耳号钳在牛的左右两耳边缘按规定的方法打上缺口,以示号码。

⑤电子感应法　在奶牛的后腿系部系一能发射信号的电子装置,通过感应器接收得到牛号。这种方法国外用得较多,用于发情鉴定和生产性能测定等方面的牛号记录。

上述的各种方法都要求编号的字体规范。目前,国内用得较多的为耳标法和笔录法。

(7)去角　为了减少奶牛格斗、流产、伤害人体及设施受顶撞遭受破坏的可能性,去角一般7～10日龄内进行。去角常用的方法有2种。

①饱和苛性钠法　剪去犊牛头顶两端角基部的毛,周围用凡士林涂抹,然后用蘸有饱和苛性钠的棉球涂抹或用苛性钠棒擦拭,直到该处皮肤发红,至即将破溃为止,涂擦面积1.6平方厘米左右,该法效果较好。

②电烙去角　将电烙铁加热到120℃,牢牢地压在犊牛头部的两角基部约2分钟,直到表皮下部的组织烧焦。

(8)去副乳头　副乳头可引发感染且影响将来的挤奶。去除副乳头一般在5～7日龄进行。可使用锋利的弯剪刀或刀片从乳头与乳房接触的部位剪下或切下乳头。虽然很少出血,但必须严格消毒手术部位。

(9)免疫接种　犊牛的免疫程序应根据牛场的具体情况和国家的有关法律法规，由兽医技术人员制定，并组织实施。

近年来，各国利用冷舍培育犊牛，对其生长发育、抗病等效果良好。但在冬季需增加营养。

(二)育成牛的饲养管理

犊牛从6月龄至产犊分娩这个阶段称为育成期。通常称为育成牛或青年牛。处女牛是指7月龄至配种前(15～18月龄)的母牛。初孕牛是指第一次怀孕后到产犊前的母牛。为了细化这一时期的饲养管理工作，又可将其分为3个饲养阶段：第一阶段(7～12月龄)是犊牛培育的继续；第二阶段(13～18月龄)是第二性征的出现，生殖器官进一步发育；第三阶段(19～26月龄)是妊娠、分娩。育成牛培育的好坏直接影响到体型、体重、产奶性能和适应性，因为这个时期的饲养管理如果不到位，牛体发育将会受阻滞，体重小，体型结构差，不仅15～16月龄时不能配种，而且会导致终生产奶性能低下，经济效益不理想。因而，育成牛的饲养管理应引起重视。

1. 育成牛的饲养

(1)育成牛发育的特点　育成牛的生长发育很快，不同阶段各组织器官的生长发育速度有异。7～8月龄时，育成牛以骨骼发育为主，12月龄后骨骼发育减慢，性器官发育迅速，第二性征出现，体躯向长度和高度发展，此时要多用粗饲料，少喂精饲料，促进消化器官的发育。

(2)育成牛的饲养　育成牛的生长过程是以骨骼发育为主，也是消化器官进一步生长发育、完善功能的过程，同时又伴有乳腺组织迅速发育，所以生长发育的速度不宜追求过高，应阶段性地控制，以防机体组织中积聚过多脂肪而影响各种器官的功能。一般说来，此阶段应用大量的青、粗饲料，适当添加精饲料，并供给充足的矿物质，特别是钙、磷、钠、钾、镁、硫等常量元素，以保证生长发育的需要，确保15～16月龄时的体重达到350千克，以达到配种的要求。

①舍饲饲养　7～12月龄是育成牛性成熟的阶段，它与以后相比相对生长速度是最快的时期，应在良好的饲养管理条件下，满足生长发育的营养需要。在配制日粮时可根据育成牛所在的月龄和可能追求的生长速度（表5-8）来提供必要的营养总量。

表5-8　初生至25月龄育成牛体重变化

月龄	非控制状态下		理想状态（千克）	月龄	非控制状态下		理想状态（千克）
	体重（千克）	日增重（千克/天）			体重（千克）	日增重（千克/天）	
1	53.6	0.33	60	15	366.0	0.61	360
3	96.8	0.78	85	18	415.0	0.59	420
6	170.0	0.83	180	25	526.0	0.52	520
12	324.5	0.85	300				

为了确保乳腺组织的正常发育，该阶段的育成牛的生长速度应控制在日增重550～600克/天为好，最高不宜超过670克/天，否则营养过于充足，乳腺组织中积累大量脂肪，成年后产奶性能不高。因此，6～12月龄的育成牛应以优质青、粗饲料为主，适当搭配一些质量一般的粗料，同时补充适量的精饲料，精饲料量的多少应由粗饲料的质量和食入量决定，一般为1.8～2.8千克，最高不宜超过3千克。

一般认为，日粮干物质的75％由粗饲料提供，剩余的25％由精饲料供给，粗饲料的喂量为育成牛体重的1.2％～2.5％，具体数量视粗饲料的质量而定，粗饲料中应以干草为主，可适当搭配多汁饲料和青贮饲料，要严格控制低质量的青贮饲料。精饲料参考配方为：玉米46％，麸皮31％，豆饼20％，骨粉2％，食盐1％。

周岁至初配阶段的育成牛消化器官容积进一步增大，消化能力仍在增强，生长速度有所下降，无妊娠和产奶的负担，因此此阶段应主要给青、粗饲料。在粗饲料质量较差的情况下可补喂1.8～3千克的精饲料，但是无论采用何种日粮，育成牛所需的钙、磷以及微量元素等营养都必须给予满足。精饲料参考配方为：玉米48%，豆饼25%，麸皮17%，棉籽饼5%，鱼粉2%，碳酸钙1%，骨粉1%，食盐1%。

育成牛妊娠后，因体内激素的作用，生长减慢，体躯明显地向宽深发展，若营养过于充足，则极易沉积大量脂肪，所以这一阶段的前期应以青草、干草、青贮饲料和块根饲料为主，后期以优质粗饲料为主，配给3～4.5千克的混合精饲料。另外，营养的供应要满足胎儿的生长和乳腺快速发育的需要，为泌乳做好准备。如果饲料结构差，还要考虑补喂维生素A。精饲料参考配方为：玉米41%，麸皮22%，豆饼18%，棉籽饼8%，大麦8%，碳酸钙、骨粉、食盐各1%。

对于有流产史的育成牛，要防止再次受胎前的过肥现象，可以通过减少或不喂精饲料、增加优质粗饲料供给的办法，来调整该育成牛的膘情至合适状态，以利于配种受胎。

②放牧饲养　断奶后实行放牧饲养，在此阶段要按牛群生长发育好差重新组群，进行放牧，对于生长发育过差的牛只，要通过补喂精饲料来追加营养，并改善其管理状况，促使其快速生长。

对于没有经过放牧训练的育成牛，应采取逐渐延长放牧时间的办法，使其逐步适应放牧。放牧群体的大小应根据草地质量和育成牛采食草的量而定。放牧期间还应根据牧草的质量和育成牛日行程距离决定补喂精饲料量和其他粗饲料（如干草）的量，还要注意矿物质的供给，不能满足的要加以补充。

育成牛的放牧可增强育成牛体质，锻炼肢蹄，提高消化功能，可减少精饲料喂量，减少劳动力费用，降低饲养成本，还可减轻牛粪污染，有利于环境保护，是值得提倡的一种饲养方式。

2. 育成牛的管理

(1)分群　育成牛应根据月龄、体格和体重相近的原则进行分群。对于大型奶牛场，群内的月龄差不宜超过 3 个月，体重差不宜超过 50 千克；对于小型奶牛场，群内月龄差不宜超过 5 个月，体重差不宜超过 100 千克。每群数量越少越好，要参照场地、牛舍而定，最好为 20～30 头。严格防止因采食不均造成发育不整齐。要随时注意观察群中牛只变化的情况，根据体况分级及时调整，吃不饱的体弱牛向更小的年龄群调动；相反，过强的牛向大月龄群转移，过了 12 月龄的会逐渐地稳定下来。对于体弱、生长受阻的个体，要剔开另养。

(2)掌握好初情期　在一般情况下，15 月龄、体重达到 340 千克时开始配种。育成牛的初情期出现在 8～12 月龄。初情期的性周期日数不是很准确，而其后的发情期的表现有的也不是很明显。因此，对初情期的掌握很重要，要在计划配种的前 2～3 个月注意观察其发情规律，以便及时配种，并认真做好记录。

(3)运动与日光浴　在舍饲的饲养方式下，育成牛每天舍外运动不要少于 4 小时。在 12 月龄之前生长发育快的时期更应运动，不然前肋开张不良，后肢飞节不充实，胸底狭窄，前肢前踏与外向，影响牛的使用年限与产奶。日光浴，除促进维生素 D_3 的合成外，还可以对促使体表皮污垢的自然脱落起作用。育成牛一般让其自由运动即可。放牧的则不必另加运动。

(4)刷拭和调教　为使牛体清洁，促进皮肤代谢，增进人牛亲和，让牛温驯，应对育成牛进行刷拭，每天 1～2 次，每次 5 分钟左右。

(5)按摩乳房　育成牛妊娠期乳腺组织的发育极为旺盛，如对乳房外感受器进行按摩刺激，乳房发育就会更加充分，从而提高产奶性能。另外，按摩乳房，能加强人牛亲和，有利于产犊后的挤奶操作。通常于妊娠后 5 个月乳房组织处于高度发育阶段进行乳房组织按摩，每天 2 次。方法是用 50℃温水浸湿的毛巾从尻部后下方向腿裆中按摩乳房，到产犊前2周停止。开始要轻揉，并注意保护自己。

(6)定期修蹄　育成牛的蹄质软，生长快。对体幅窄的牛，负重在蹄的外侧缘，造成内侧半蹄长得快，时间长了导致内侧蹄首先外向。蹄每月增长量在6～7毫米，磨损面并不均衡，所以10月龄要修蹄1次，以后每年春、秋各1次。

(7)制定生长目标　根据本场牛群周转状况和饲料状况，制定不同时期的日增重，明确生长目标，从而确定育成牛各阶段的日粮组成。

(8)妊娠后的管理　育成牛妊娠后除运动、刷拭、按摩外，还要防止牛角斗、滑倒、爬跨，以防流产。另外，育成牛应在妊娠后7个月前进行修蹄。为了让育成牛顺利分娩，应在产犊前14天调入产房，以适应新环境。

(三)围产期奶牛的饲养管理

育成牛一旦分娩产犊，便进入了成年母牛群。围产期是指妊娠牛的产犊前15天和产犊后15天。对于经产牛即为干奶期后2周和泌乳初期的2周。这个时期的奶牛属高危阶段，如果饲养不到位，护理不当，牛极易患病，影响生产，严重时还会造成奶牛患难以医治的疾病，甚至死亡。

1. 围产前期(干奶后期)的饲养管理　在干奶后期，胎儿发育迅速，母牛需积蓄更多的营养于体内，以应付即将到来的泌乳期的付出，应提高此阶段母牛的日粮浓度，即加喂一定量的精饲料，同时必须使用优质苜蓿干草和优质青干草，减少或不喂青贮饲料及多汁饲料，对于体况较差的瘦牛及高产牛应适当控制青、粗饲料，增加精饲料喂量，但精、粗饲料的干物质比不得高于45∶55。多数人认为干奶后期的母牛，精饲料喂量在每天4千克的基础上，以每天0.2千克(最大喂量)的速度增加，至产犊前1周达到5～5.5

千克。倘若是瘦牛,应在产犊前 10 天增加精饲料达 5.5 千克,有利于母牛适应高精饲料的日粮和恢复体况。如果气温较低,亦可适当增加精饲料的用量。精饲料的具体喂量应根据母牛当时的膘情、健康状况、食欲及预期产奶量而定,在分娩前 1 周精饲料用量控制在 1～1.3 千克/100 千克体重。

由于高水平的精饲料能使乳腺细胞代谢加快而处于紧张状态,能助长已存在于乳房中的慢性乳房炎发作而表现临床症状,因此对干奶期前后的乳房炎一定要慎重治疗。

为了防止产后瘫痪的发生,产前 2～3 周应用低钙高磷日粮,钙占日粮干物质的 0.4%以下,钙的喂量减少到每日 40～90 克,钙、磷比例为 1∶1。同时,还要满足维生素 A、维生素 D 的需求量,以调动机体内贮存钙的代谢体系,促进钙的吸收。待奶牛乳房肿胀,阴门水肿,有分娩征兆,预计 48 小时左右即将产犊时,可立即使用一般性日粮。产犊后恢复正常的钙、磷比,钙占日粮干物质的 0.7%左右,钙 100～150 克/日,钙、磷比例为 1.5∶1,对防止产后瘫痪有重要作用。

母牛产前 4～7 天,如乳房过度膨胀或水肿,则可适当减少或停喂精饲料(十分必要时)及多汁饲料,待乳房不硬后,恢复日粮。产前 2～3 天,日粮中应增加麦麸的用量,以防便秘。对于过于肥胖的母牛,应严格控制精饲料喂量,同时可添加烟酸 6 克/头·天,否则会引起难产及产后食欲下降。另外还应防止为应付产奶利用体脂,从而引起酮血症,严重时表现为脂肪肝。

饲喂干奶期牛的饲料应新鲜清洁,质地良好,不可饲喂腐败霉烂饲料或含有霉菌、毒草等及冰冻块根料,亦不可饮用过冷的水,以防早产、难产及胎衣滞留。

2. 围产后期的饲养管理　母牛分娩后,应随即驱赶母牛站起,以防子宫出血和外脱,并及时喂给热的麸皮盐水(麸皮 500 克,食盐 50 克,骨粉或磷酸氢钙 50 克,水 10 升),有条件的应喂红糖益母膏(益母草 250 克,水 1 500 毫升煎好后加红糖 1 000 克,水 3 000 毫升,35℃时饮服或灌服),以促进胎衣排出。随后清除母牛周围的污秽垫草,换上干净柔软的垫草。继而挤奶,在出生后的 2 小时内,要让犊牛吃亲生母亲的初乳。如果母牛体质虚弱应及时补钙补糖补水。另外,倘若母牛努责强烈,应注射镇静剂,可防生殖道外翻。

母牛刚刚分娩,机体较弱,消化能力差,产道尚未复原,乳房仍在水肿,故此时母牛以恢复健康为主,绝不可增喂精饲料、糖糟和啤酒糟,急于催奶,否则会引起疾病,影响泌乳高峰的迅速到来和高峰峰值。

产后的头 3 天内,由于乳房内血液循环及乳腺泡的控制与调节尚未正常,一般不将牛奶全部挤净,因为这也可防止母牛产后瘫痪的发生。一般产犊第一天以挤出的奶够哺喂犊牛即可(3～4.5 千克),第二天可挤出日泌乳量的 1/2,第三天挤出日泌乳量的 3/4,第四天将奶全部挤出。但对乳汁不正常或患有乳房炎的乳室必须及时挤尽。对于水肿严重的乳房,每次挤奶时用温、湿毛巾进行充分按摩,使水肿迅速消退。低产牛或产后乳房没有充分膨胀的牛,产后当天应立即将乳房中的初乳挤尽。

母牛产犊后的最初几天以喂优质干草为主,辅以少量精饲料(4～6 千克),如食欲良好,消化功能正常,大便正常,乳房水肿消失,恶露排净,可逐渐增加精饲料(每 2 天增加 0.7～1 千克),还可饲喂少量青绿多汁饲料,至 1 周后可把精饲料和青绿多汁饲料的用量调到正常值。但不宜饲喂糟渣饲料,以防大量产奶,导致营养不足,体重下降,代谢失调,这也有助于减少消化不良现象的发生。

围产后期的奶牛青贮饲料的用量必须控制,一般不超过 10 千克。否则,因青贮料在瘤胃中的不良作用,会严重影响牛体健康。该阶段的营养水平,干物质食入量为 2.5%～3%(占体重),饲料中粗蛋白质含量为 13%,粗纤维含量为 23%,产奶净能为 2 NND/

千克。日粮中精、粗饲料干物质之比为55～60：45～40。其日粮组成可为：青贮玉米10千克，优质干草4千克，块根料5千克，混合精饲料8千克。

（四）泌乳牛的饲养管理

根据奶牛泌乳期的生理特点，又把泌乳期分为泌乳早期（10周，0～70天）、泌乳中期（10周，71～140天）和泌乳后期（约24周，141天至305～308天或干奶）。

奶牛在一个泌乳期中产奶量呈规律性变化。低产牛产后30天左右、高产牛产后40～60天达到高峰（6～8周），高峰一般维持20～60天，以后即开始下降。下降速度依母牛营养水平、妊娠、品种和生产性能而异。高产牛每月下降4%～5%；低产牛下降9%～10%。泌乳后期，胎儿迅速发育，胎盘激素和黄体激素分泌加强，抑制垂体分泌催乳素，产奶量迅速下降。与泌乳有关的激素：主要有甲状腺素、催乳素和生长素。泌乳早期这些激素分泌较均衡，泌乳倾向较强，外界不良环境起不到应有的干扰作用；后期则减弱。

1. 泌乳早期的饲养管理

（1）泌乳早期特点　此期产奶量由低达到高峰，是整个泌乳期产奶量最高的时期。中国荷斯坦牛最高日产量一般多出现在产后60天以内；在泌乳早期母牛的能量摄取量与消耗量不相平衡，母牛补给能源要靠体内积累的能量（主要是脂肪，也包括蛋白质、钙、磷等），结果此期出现体重减轻。这种现象称为负平衡。

泌乳早期的产奶量与整个泌乳期的产奶量呈强正相关（30天、90天与305天），也就是说，泌乳早期的产奶量高，整个泌乳期的产奶量也高。

（2）饲养对策　一般采用引导饲养。所谓引导饲养是最大限度地给予精料，但不使饲料总体的平衡关系紊乱，以增加泌乳量为目的的饲料给予方式。决定饲料给量是以前几天的泌乳量为依据,改进饲养标准的弱点。特别是在泌乳早期的奶量逐渐上升时期,预先增加饲料量,一般高于产3～5千克奶所需的营养。随着产奶量的增加而增加精饲料的喂量:日产奶20千克给7～8.5千克,日产奶30千克给8.5～10千克,日产奶40千克给10～12千克。谷物饲料最高喂量不应超过15千克。

在此期间应采用高能量、高蛋白质的日粮,让母牛尽可能多吃进些干物质。日粮中粗蛋白质含量应在16%以上,精饲料∶粗饲料=60∶40。精饲料超过60%时,粗饲料吃得少,唾液分泌少,瘤胃内pH值下降,会造成酸性环境。久而久之,会造成消化不良,食欲不振,乳脂率下降,同时易引起真胃移位、酮病等。严重时,可引起酸中毒和肝脓肿。解决办法:日粮中加入100～150克碳酸氢钠和30克氧化镁,以缓解瘤胃pH值。为增加日粮的能量浓度,可添加3%～5%脂肪。脂肪添加超过6%会抑制瘤胃发酵,影响消化,可改添加脂肪酸钙。精饲料多,乳脂率下降,但给饲次数增加能提高乳脂率。当日粮中精饲料比例超过70%时,正常瘤胃发酵不足,乳脂率明显下降。因此,应供给优质粗饲料,每头每天给青贮饲料20千克,干草任其自由采食,以维持瘤胃正常消化功能。每头每天给块根类饲料3～5千克,糟渣类饲料10～12千克,能增进采食量。

另外,日粮中还应注意矿物质和维生素的供应。

泌乳早期的营养水平为:干物质食入量2.5%～3.5%(占体重),日粮含产奶净能大于2.2 NND/千克,粗蛋白质18%～19%,钙0.7%,磷0.45%,粗纤维15%。

混合精饲料组成的参考比例为:玉米35%,大麦15%,豆粕16%,棉籽粕10%,麸皮18%,碳酸钙2%,骨粉2%,食盐2%。

2. 泌乳中期奶牛的饲养管理

(1)泌乳中期的特点　此期是奶牛食欲最好的时期,干物质摄取量达到高峰(10～12 周),而后开始缓慢下降。干物质摄取高峰约比产奶高峰(6～8 周)迟 1 个月。此期产奶量较早期略有下降。中期如果饲养合理,体重一般不再出现下降。体重、膘情逐渐恢复。据统计,在泌乳中期体重渐有增加的母牛,其产奶量比没有增加的要高。

(2)饲养对策　不宜饲喂过多的精饲料,否则易造成母牛过肥,这样不仅影响产奶,而且影响繁殖率。此时母牛均处于妊娠早中期,其饲养要点是精饲料的饲喂量可按产奶量的减少而相应减少。如果母牛产奶量很高,机体消瘦明显时,可保持或略超过原来的饲养水平。此期一般精饲料:粗饲料＝50:50,甚至 50 以下,粗蛋白质可比前期稍低些。

精饲料喂量:日产奶 15 千克给 6～7 千克,日产奶 20 千克给 6.5～7.5 千克,日产奶 30 千克给 7～8 千克。

粗饲料喂量:青贮饲料 15～20 千克,块根饲料 5 千克,糟渣类饲料 10～12 千克,干草自由采食,但最少量也应保证 4 千克以上。

泌乳中期的日粮营养水平为:干物质食入量 3.0%～3.2%(占体重),日粮含产奶净能 2.1 NND/千克,含粗蛋白质据产奶量喂到日粮干物质的 14%～15%。钙 0.7%,磷 0.4%,粗纤维 17%。

混合精饲料组成的参考比例为:玉米 38%,大麦 10%,豆饼 17%,棉籽粕 12%,麸皮 18%,碳酸钙 1.5%,骨粉 1.5%,食盐 2%。

3. 泌乳后期奶牛的饲养管理

(1)泌乳后期的特点　在此阶段,母牛均处于妊娠中后期,需大量营养供应体内快速生长发育的胎儿,又受胎盘及黄体分泌的孕激素含量不断上升的影响,催乳素的分泌减少,产奶量平衡地下降,体重上升。产奶量以每月 8%～12%的速度急剧下降,营养有所剩余。因此,不宜多喂精饲料,以免浪费。

(2)饲养管理对策　为防止母牛过肥,此阶段以粗饲料为主,适当搭配精饲料。一般精饲料：粗饲料＝40：60或更低，每周或2周日粮调节1次，但迟于产奶量下降。同时，还要做好保胎防流产的工作。在此阶段应当特别注意以下几点。

①改善体况　对于体况消瘦的母牛，要增加营养，利用母牛体内各器官仍处在较强的活动状态，对饲料利用转化为体重的转换率(61.6%)比干奶期的转换率(48.3%)要高得多的优势，尽快让其恢复已失去的体重，保持良好的体况。

②加强对乳房炎的防治　以防因乳房炎造成干奶不能正常进行，或乳房炎不能彻底治愈，扰乱乳房的正常功能。

③切实加强对肢蹄病的防治　以防因肢蹄不良造成消瘦的牛无法恢复体况，影响复膘进度。

④恢复适度膘情　尽一切可能把体况差的牛恢复到七八成的膘情。但也要防止奶牛过肥，即体况超过八成的现象。

泌乳后期的日粮营养水平为：干物质食入量3%(占体重)，日粮含产奶净能1.9～2 NND/千克，粗蛋白质13%，钙0.5%，磷0.38%，粗纤维20%。

日粮组成的参考比例为：混合精饲料6～8千克，青贮玉米20千克，干草2千克或青草自由采食。

混合精饲料的参考比例为：玉米40%，麸皮32%，豆饼10%，棉粕13%，碳酸钙1.5%，骨粉1.5%，食盐2%。

(五)干奶期奶牛的饲养管理

泌乳牛在下一次产犊前有一段停止泌乳的时间，称为干奶期。一般为60天(2个月)。干奶方法是否恰当，干奶期饲养管理的好坏，以及干奶期的长短，对胎儿的生长发育、母牛的健康及下一胎产奶性能的表现影响十分重大。

1. 干奶的意义

(1)满足胎儿迅速生长发育所需的营养　奶牛进入妊娠后期，

体内胎儿迅速的生长发育需要大量的营养，因为胎儿在妊娠的最后2个月增加的体重可达总体重的2/3。在此期间干奶可保证胎儿生长发育所需的营养。

(2)乳腺分泌活动停止，分泌上皮细胞更新　母牛经数百天的繁重产奶，1头奶牛1个泌乳期所分泌的干物质相当于体重的3.64～4.16倍，因此给奶牛一个干奶期，使乳腺细胞得到充分修复，分泌上皮细胞可趁乳腺分泌活动停止得到更新，使其富有更大的活力，为在产犊后再次大量泌乳做好充分准备。

(3)改善母牛体况，为下一个泌乳期做准备　奶牛在干奶期中，可补偿因长期产奶造成的体内养分的损失及泌乳后期尚未满足的那部分，以进一步恢复牛体健康。通过这一时期的饲养，不仅可以保证产出的犊牛健壮，而且可以提高下一胎的产奶量。据同卵双胎的头胎母牛进行试验：给予干奶期60天的母牛，在第二和第三个泌乳期的高峰期日产奶量分别比第一泌乳期高4.5千克和6.8千克；而不干奶持续挤奶的母牛，在第二和第三个泌乳期，则分别为第一个泌乳期产奶量的75%和62%。

(4)预防产科病　奶牛在干奶期中，特别是产前2～3周应用低钙高磷日粮，以防止产后瘫痪的发生。

2. 干奶时间　经产牛干奶期的长短应根据母牛的年龄、体况、产奶性能和饲养管理条件决定。干奶期一般为45～75天，平均为60天。实践证明，干奶期长短对下一个泌乳期产奶量有一定影响。如干奶期低于45天，则下一个泌乳期降低产奶量10%～15%。对于早配母牛、体弱及老年母牛，高产奶牛(年产奶6 000千克以上)以及饲养管理条件差的牛需要较长的干奶期(60～75天)；而一般体况好的，体质健壮、产奶量低、干奶期可稍短，其干奶期可缩短为45天。至于干奶期的开始时间应在确定预产期后通过计算确定。现在，一般牧场都将干奶期定为60天。

3. 干奶方法　根据干奶时的产奶量和奶牛的生理特性，可把干奶方法分为2种,即逐渐干奶法和快速干奶法。

(1)逐渐干奶法　用1～2周的时间通过打乱奶牛的动力定型即生理习性,使奶牛的泌乳活动逐渐停止下来。做法是:在预定干奶前的2周变更饲料,减少青草、多汁饲料、青贮饲料、糟渣类饲料等促进生乳饲料的喂量,多用干草,原则上不减少精饲料。适当限制饮水,停止按摩乳房,减少挤奶次数(3次变2次或2次变1次),改变挤奶时间(3天后隔日挤或隔2～3天挤1次奶),每次挤奶须挤完挤净,当产奶量低于5千克时,即可停止挤奶。这种方法比较适用于高产牛。

这种干奶方法的原理是通过打乱奶牛的动力定型,使产奶量下降,最后达到干奶的目的。优点:这种干奶方法比较稳妥,适合不同类型的泌乳牛。不足:不能充分发挥奶牛的泌乳潜力;过早改变了奶牛的生活习惯,对母牛的健康和胎儿的发育有一定的影响。

(2)快速干奶法　是目前广泛采用的干奶法,但要求工作人员胆大心细,责任感较强。即在预定停奶之日对该牛乳房认真热敷、按摩,将奶挤净,在4个乳区分别注入青霉素(80万单位)、链霉素(50万单位),再用抗生素软膏封闭乳头孔,最后用0.1%碘液浸泡乳头。停奶后,即不再触摸乳房。最初几天,乳房内充满乳汁而继续膨胀,只要乳房不出现发红、肿胀、发热发亮、疼痛现象,就不用处理。一般经过4～7天,积奶逐渐被吸收,乳房收缩、松软。干奶安全结束。如停奶数天后,1个或数个乳室出现红肿现象,相应的乳头也粗肿、发亮,那就必须将此乳室挤净。如发现奶发黏、发黄、乳块多或呈黄水状时,在挤净乳汁的同时,要注入青霉素、链霉素等进行治疗,每天1次,一直到奶正常为止。然后用上述药物辅助再干奶1次,以后不再去动它。

这种干奶方法的原理是充分利用乳腺内压加大,抑制分泌的生理现象来完成干奶工作。优点是最大限度发挥母牛的泌乳潜力,不必过早改变母牛的生活习惯,不致影响母牛健康和胎儿发育。但对曾有乳房炎病史或正患乳房炎的母牛不宜应用。

生产上不论采用哪种干奶法，在干奶前都应检查乳房，凡有隐性乳房炎的要抓紧治疗。隐性乳房炎的检查方法是将 4 个乳区的奶分别挤 2 毫升于 4 个盛奶皿中，然后分别滴上 2 毫升专用乳房炎诊断液，稍加摇动，若出现凝块，则为阳性，否则为阴性。阳性属＋＋以上者，必须用抗生素或其他药物做专项治疗，直至痊愈后方可进行干奶处理。

另外还应注意，干奶前必须再次进行直肠检查，确定有活胎无误后方可干奶，查胎时操作应谨慎，切忌操作不当引起流产。一般情况下，胎儿死亡引起黄体溶解，使胎儿排出体外；若黄体不消退，死亡胎儿易变为胎儿干尸化(木乃伊)。治疗可用前列腺素处理，注射雌激素也是诱导排出干尸化胎儿常用的方法。

4. 干奶期的饲养管理　为了确保产出的犊牛健壮，并让分娩后的母牛产奶性能充分发挥，且能保证在产后的 100 天内配种受胎(即使是高产牛亦不超过 140 天)，又要防止产后产奶量下降过早过速和产后瘫痪、酮病等代谢疾病的发生，必须在干奶期给母牛科学的饲养管理，进一步改善母牛的营养状况，确保母牛在产犊前的健康和适度的膘情。

(1)干奶前期的饲养管理　干奶前期是指停奶开始至产犊前 2 周，一般为 6 周。在干奶最初几天，应当在满足干奶牛营养的前提下，为使其尽早停止泌乳活动，最好不喂多汁饲料和副料，如啤酒糟、糖糟等，适当搭配精饲料。若母牛膘情欠佳，可仍用产奶牛饲料。精饲料喂量视青、粗饲料的质量及母牛膘情而定，一般可按日产奶 8～15 千克所需饲养标准进行饲喂，使母牛体重能有所增加。对膘情较好的奶牛，喂给优质干草即可满足营养。也可以在最初的几天，仅供给母牛干草、水和少量精饲料(营养略低于饲养标准)，当奶牛泌乳活动完全休止，乳房松软且已萎缩，乳头干瘪无奶后，就可逐渐增加精饲料及青绿饲料，3 天后供给的营养可达到妊娠牛所处阶段饲养标准所规定的量。

为了让体况差的高产牛(干奶牛)和由其他原因引起的瘦弱的干奶牛,能有适当增重,到临产前体况达中上等,即健壮而不过肥,又能保证胎儿迅速发育的营养需要,应适当控制粗饲料的供给(尤其是减少劣质粗饲料,应以优质干草为主),并加喂一定量的精饲料(不应超过 5.2～5.5 千克/天・头),确保每天供给的营养能满足维持和妊娠需要。此阶段的日粮可采用 3.5～4.5 千克苜蓿干草(或 5～7 千克优质干草),15 千克青贮玉米和 3.5～5.5 千克精饲料。一般认为,瘦牛早些加精饲料,而中上等膘情的干奶牛,这个阶段只需供给适量优质干草及少量精饲料即可,不能再让其继续肥胖。另外,日粮中蛋白质的含量不可低于 11%。

为了满足干奶母牛的矿物质、维生素和食盐的需要,宜在运动场补食槽内放含有磷、钙和食盐的混合舔料,让其自由舔食。临产前应补充维生素 A、维生素 D、维生素 E 及微量元素硒等,可提高犊牛的成活率,降低胎衣不下和产后瘫痪的发生。

干奶前期的奶牛的管理要注重 4 个方面:一是保持适当运动(每天 3～4 小时)。运动不仅可促进血液循环,有利于奶牛健康,而且可减少肢蹄病及难产的发生。同时,还应增加日照时间,以促进维生素 D_3 的形成,防止产后瘫痪。二是重视饲养。杜绝饲喂发霉变质的饲草饲料,冬季饮用水温控制在 10℃～19℃,决不饮冰冷水,否则除会引起消化道疾病外,还会使饮水量受到限制,满足不了奶牛的需求。三是保持畜体卫生。母牛在妊娠期皮肤代谢旺盛,易生皮垢,故应每天刷拭,以促进血液循环。在干奶初期刷拭牛体时不要触摸乳房,而应密切注意乳房变化。另外,牛舍垫草应常换,保持清洁。四是注重保胎。

(2)*干奶后期的饲养管理* 见围产前期的饲养管理。

(六)奶牛饲喂技术

1. 一般饲喂技术

(1)饲喂方法

①要定时定量，少给勤添　牛由于长时间的条件反射作用，在饲喂之前消化腺就开始分泌，但是过早或过晚的饲喂会打乱牛消化腺的活动，影响饲料的消化和吸收；少给勤添可以保持牛瘤胃内环境的恒定，使食糜均匀地通过消化道，因此可以提高饲料的利用率和消化率。

②合理饲喂青饲料和粗饲料　应做到一年四季“青中有干、干中有青、青干结合”，并为奶牛提供一定数量的块根和糟渣类饲料。这样，既可提高日粮的适口性，又能满足奶牛产奶的营养需要。牛是草食动物，草是奶牛的基础饲料。在饲喂中，产奶牛精饲料和粗饲料的搭配比例一般为5∶5。

③更换饲料要逐步进行　牛瘤胃内的细菌系区形成需要20～30天的时间，一旦打乱就很难恢复，所以更换饲料的时候必须逐渐进行。可以采用交叉式的过渡方式，慢慢增加添加的新饲料，逐渐减少被代替的饲料，一般过渡时间应在10天以上。

④对饲料进行筛选，防止异物混入　饲喂牛的精、粗饲料要用带有磁铁的清洗器筛选，除去其中的铁丝、铁钉等异物，避免对网胃及心包造成创伤。建议个体养牛户选用正规饲料厂家出售的较好的奶牛精饲料和补充饲料，也可选用奶牛专用预混饲料或浓缩饲料，按其推荐的配方自行配制。

(2)合理安排饲喂次数和顺序　按照产奶量等情况确定精饲料和粗饲料的饲喂量，在牛的饲喂顺序上一般采用“先粗后精、先干后湿、先喂后饮”的方法，拌料时以潮湿不起粉尘为好；奶牛的饲喂次数一般应与挤奶次数一致，对于产奶量3 000～4 000千克的奶牛可实行每天2次饲喂，对产奶量较高的奶牛最多每天进行3

次饲喂。尽量做到奶牛每日吃草7～8小时、反刍7～8小时、休息7～8小时。

(3)提供充足饮水　水对奶牛十分重要。有些奶牛养殖户以为对牛进行限量供水可以提高牛奶的乳脂率,但是这种做法没有科学依据。一般日产奶量50千克以上的奶牛,每天需要饮水100～150升,奶牛每昼夜进行反刍的唾液就会达到150升左右。所以,如果饮水不足必然会影响到奶牛的产奶量。最好在奶牛舍内安装自动饮水器,让牛可以随时饮水。在冬季要供给牛温水,水温建议在12℃以上较好。

2. 青贮饲喂技术

(1)饲喂数量　应根据成年母牛的体重和产奶量来决定投放青贮饲料的数量。体重在500千克左右、日产奶量在25千克以上的泌乳牛,每天可饲喂青贮饲料25千克、干草5千克左右;日产奶量超过30千克的泌乳牛,可饲喂青贮饲料30千克、干草8千克左右。日产奶量在20千克的泌乳牛,可饲喂青贮饲料20千克、干草5～8千克。日产奶量在15～20千克的泌乳牛,可饲喂青贮饲料15～20千克、干草8～10千克。日产奶量在15千克以下的泌乳牛,饲喂青贮饲料15千克、干草10～12千克。

干奶期的母牛,每天饲喂青贮饲料10～15千克,其他补给适量的干草。奶牛临产前15天和产后15天内,应停止饲喂青贮饲料。

犊牛应当不喂或少喂青贮料。育成牛的青贮料饲喂量以少为好,最好控制在5～10千克。

(2)饲喂方法　饲喂时,初期应少喂一些,以后逐渐增加到足量,让奶牛有一个适应过程。切不可一次性足量饲喂,造成奶牛瘤胃内的青贮饲料过多,酸度过大,反而影响奶牛的正常采食和产奶性能。为防止中毒,可在精料中添加1.5%的小苏打。

每次饲喂的青贮饲料应和干草搅拌均匀饲喂,避免奶牛挑食。

有条件的奶牛养殖户，最好将精料、青贮饲料和干草进行充分搅拌，制成“全混合日粮”饲喂奶牛，效果会更好。

青贮饲料或其他粗饲料，每天最好饲喂 3 次或 4 次，增加奶牛反刍的次数。奶牛反刍时产生并吞咽的唾液，有助于缓冲瘤胃酸性物质，促进氮素循环利用，促进微生物对饲料的消化利用。有很多奶牛养殖户，每天 2 次喂料是极不科学的。一是增加了奶牛瘤胃的负担，影响奶牛正常反刍的次数和时间。降低了饲料的转化率，长期下去易引起奶牛前胃疾病。二是影响奶牛的饲料消化率，造成产奶量和乳脂率下降。

冰冻青贮饲料是不能饲喂奶牛的，必须经过化冻后才能饲喂，否则易引起妊娠牛流产。

(3)*取用方法*　青贮饲料可每天上、下午各取 1 次，每次取用的厚度应不少于 10 厘米，保证青贮饲料的新鲜品质，适口性也好，营养损失降到最低点，达到饲喂青贮饲料的最佳效果。取出的青贮饲料不能暴露在日光下，也不要散堆、散放，最好用袋装，放置在牛舍内阴凉处。每次取完青贮饲料后，应重新踩实 1 遍，然后用塑料布盖严。

(4)*注意事项*

第一，饲喂过程中，如发现奶牛有腹泻现象，应立即减量或停喂，检查青贮饲料中是否混进霉变青贮或其他疾病原因造成奶牛腹泻，待恢复正常后再继续饲喂。

第二，每天要及时清理饲槽，尤其是死角部位，把已变质的青贮饲料清理干净，再喂给新鲜的青贮饲料。

第三，喂给青贮饲料后，应视奶牛产奶量和膘情，酌情减少一定量的精料投放量，但不宜减量过多、过急。

第四，青贮窖、青贮壕应严防鼠害，避免把一些疾病传染给奶牛。

3. 全混合日粮饲喂技术　全混合日粮技术是指根据奶牛不

同生理阶段的营养需要，把铡切成适当长度的粗饲料以及精料和各种添加剂，按照一定的比例进行充分混合而得到的一种营养相对平衡的日粮。全混合日粮饲喂技术即将配好的全混合日粮再由发料车发料，让散放牛群自由采食的一种饲养方法。这种技术20世纪90年代首先在美欧发达国家及以色列得到应用，现在越来越多的牛场采用全混合日粮技术。我国的部分规模化奶牛场也已开始推广。

(1)采用全混合日粮的意义

①改善适口性，增加干物质采食量　实践证明，在精、粗饲料分饲时，粗饲料适口性较差，导致奶牛挑食，采食量和营养水平达不到日粮设计要求，严重时影响奶牛的健康和生产性能的发挥。全混合日粮技术将精、粗饲料均匀地充分混合在一起，避免了奶牛个体间争食、抢食、挑食等现象，保证了奶牛可以采食到最大量的粗饲料，减少了粗饲料的浪费，为奶牛提供了均衡全面的营养。饲喂方式由常规定时饲喂改革为自由采食，投料数量充足，让奶牛进行24小时自由采食饲料，总采食量增加。同时，由于混料均匀，可避免偶然发生的微量元素、维生素缺乏或中毒事件。

②提高饲料利用率，节约饲养成本　全混合日粮技术可保证牛稳定的饲料结构。全混合日粮可在全天为牛提供能量、蛋白质和其他必需养分平衡的日粮，采食饲料的养分相同，保证瘤胃内的细菌和纤毛虫有稳定的生活环境，使饲料中各种养分的消化利用率得到了显著的提高，减少了由于饲料养分消化不完全而排放到环境中污染环境，特别是饲料氮、饲料磷的排放，这样可以有效地减轻奶牛粪便造成环境污染，具有良好的环保效益。全混合日粮充分利用各种廉价的饲料资源，可以最大限度地使用低成本饲料配方，节约饲养费用，提高经济效益。

③有效地防止消化系统功能紊乱，维护瘤胃健康，减少牛疾病的发生　传统的饲喂方式容易造成牛的精、粗饲料比例不当。如

果粗饲料摄入量不足，致使瘤胃 pH 值下降，破坏瘤胃微生物群落，影响牛的生产性能的发挥，甚至引起消化系统的疾病。全混合日粮技术可以合理配制饲料，均匀混合，统一采食。保持瘤胃 pH 值稳定，维护瘤胃正常的生理功能，减少牛的消化道疾病和代谢病的发生。

④可进行工厂化生产，降低劳动强度，节约劳力　饲料搅拌车是应用全混合日粮的主要设备，它容易操作，节省时间，半小时可以完成装载、混合和喂料。不用饲养人员多次分发不同的饲料，减少了劳力投入，大大降低了劳动强度，节约劳力，节省管理成本，提高了经济效益。

但应用全混合日粮也有一定的难度。首先，用全混合日粮技术对长纤维青干草很难均匀混合；其次，全混合日粮需要昂贵的秤、搅拌车和传送设备；第三，全混合日粮需要精确地配制并经常核对，而且该种饲喂方式也不适用于放牧的牛。

(2)全混合日粮技术要点

①选用适宜的混合搅拌车　搅拌车是推广应用全混合日粮技术的关键，应根据日粮的类型、牛场的饲养规模、牛场的建筑结构选择适合的搅拌车。常见的全混合日粮搅拌车有立式、卧式、牵引型搅拌车等。其中立式搅拌车搅拌效果好，混合均匀度高，机器的使用寿命长。我国目前引进的主要有牵引式发料车、前置式全自动发料车、后置式全自动发料车等。

②合理分群和适时转群　合理分群是全混合日粮技术必要的配套措施。如果不分群，就会产生过肥的奶牛，严重影响牛的产奶性能的发挥。牛群的分群数量视其大小和现有的设备而定。一般小型奶牛场(少于 300 头)可以直接分为泌乳奶牛群和干奶牛群，各设计 1 种全混合日粮；中型牛场(300～500 头)可根据泌乳阶段分为早、中、后期牛群和干奶牛群；大型牛场(多于 500 头)可将牛细分为新产牛群、高产头胎牛群、高产经产牛群、体况异常牛群、干

奶前期牛群、干奶后期牛群等，分别设计 6～7 种全混合日粮。在具体分群过程中，可根据牛的个体情况及牛群的规模灵活掌握，适时调整或合并。调整转群时要小群转移，最好在投料时转移。

对于干奶牛分为干奶前期（干奶到产前 15 天）和干奶后期两个群非常关键，因为这是两个完全不同的生理阶段。后备牛要细分，每群的规模不能太大，一般 10 头左右，要求群中个体生理状况一致。随着牛月龄的增加，群体规模可适当增大。

③全混合日粮的混合技术　粗饲料的铡切长度对于全混合日粮配制很重要，影响全混合日粮的混合效果。一般青贮料的适宜长度为 2～3 厘米，但要求有 15%～20%的长度要超过 4 厘米，并应加入一定量的 5 厘米长的干草。全混合日粮的含水量应为 40%～50%，在混合前要先测定全混合日粮的含水量。全混合日粮的投料顺序一般先粗后精，即干草→青贮→糟渣类→精饲料，边加料边搅拌，物料加齐后再搅拌 4～6 分钟。一般每批搅拌时间以 15 分钟左右为宜。搅拌时间太长则全混合日粮中的粗饲料可能被搅拌得过细，有效中性洗涤纤维不足；搅拌时间过短，混合不均匀导致营养不均，也影响饲喂效果。全混合日粮搅拌车在搅拌时以满载量的 60%～70%为宜，太多则混合不均匀。

④全混合日粮饲喂的饲槽管理　全混合日粮饲喂要均匀投放饲料，确保牛有充足的时间采食。一般干奶牛和生长牛 1 天投放 1 次，泌乳的奶牛 1 天投放 2 次，夏季可投放 3 次。在闷热的夏季为了防止饲料沉积发热，每天应翻料 2～3 次，并且要求每天清理剩余的饲料。

⑤全混合日粮技术对牛舍的要求　散栏式牛舍是目前国内外现代化牛场采用的最先进的牛舍，适合于全混合日粮技术的应用，可以大大提高奶牛场的劳动生产率。一般要求牛舍的宽度 20 米以上，长度在 60～120 米，饲喂道宽 4～4.5 米。标准牛舍以饲养 200～400 头牛为单位。

（3）全混合日粮推广遇到的问题　全混合日粮技术的应用存在以下制约因素：一是为使所有原料均匀混合，秸秆、长草的切短或揉碎需专门的机械设备。同时，为保证日粮营养平衡，要求有性能良好的混合和计量设备。二是在原料的贮存过程中，要经常调查并分析其营养成分的变化，尤其是原料水分的变化。三是奶牛的分群、饲槽的改装、原料的往返运输均需要劳力、时间等额外的投入。四是如果在泌乳早期全混合日粮的营养浓度不足，则高产奶牛的产奶高峰有可能提前下降；在泌乳中后期，低产奶牛如不及时转到全混合日粮营养浓度较低的群中，则这些牛有可能变得过肥。

（七）奶牛夏季的饲养管理

在长期的选种培育中，荷斯坦奶牛养成了耐寒不耐热的特性。荷斯坦奶牛生产最适宜的温度为0℃～24℃。高于或低于这个温度范围对产奶均产生不利影响。据报道，当气温高于24℃时，奶牛会出现体温升高，呼吸频率加快，饮水增多等热应激症状。超过27℃产奶量开始下降；32℃时，采食量减少20%；40℃时，停止采食。因此，每到夏天尤其是长江以南地区，奶牛产奶量大幅下降。如南京地区，据统计可下降25%～30%。每到炎热的夏季，奶牛就受到极为不利的环境影响，奶牛将动用很大的能量来应付热应激，从而造成饲料转化率明显降低，消化功能减弱；内分泌激素失调，导致催乳激素生成分泌降低，产奶量明显降低；也促使卵泡刺激素、黄体生成素分泌减少，导致性功能紊乱，生殖功能衰退，卵巢萎缩，不发情，发情后不排卵或受精卵不易着床，甚至胎儿着床后被吸收。为此，要使母牛群稳产、高产，必须重视夏季的饲养管理。

为减少夏季对奶牛的热应激影响，除改善饲养外，还应做好防暑降温工作，减轻环境因素对奶牛的危害。

1. 浓缩奶牛日粮　由于夏季奶牛的食欲差，且当气温高于

24℃时，每升高1℃需消耗3%的维持能量，因此为保证夏季奶牛食入的日粮满足机体所需的营养，必须提高日粮中营养浓度，即提高产奶净能含量和高蛋白质饲料所占的比例，必要时可使用脂肪酸钙，增加饼（粕）喂量。还应注意日粮的粗纤维含量（不低于15%～17%），以维持正常的瘤胃功能。日粮中添加1.5%碳酸氢钠或碳酸氢钾时（剂量参照高产奶牛的饲养管理），可减少热应激引起的产奶量和乳脂率下降。

2. 选用适口性好的青绿多汁料 日粮组成中要多考虑增加一些青绿和适口性好的饲料。高温时期奶牛喜食青绿甜味饲料，但仍要饲喂青贮玉米和优质干草，以补充体内营养的不足。夏季常用的多汁料有青苜蓿、冬瓜、南瓜、西瓜、带缨胡萝卜（初秋期）等，较实用的青草有杂交狼尾草、苏丹草等。

3. 调整饲喂时间，增加饲喂次数 一般在早晚凉爽时喂下当天精饲料的80%和主要粗饲料（青贮玉米、干草），中午仅喂青绿多汁料和少量精饲料。另外，也可在午夜12时前后增喂1次精饲料和粗饲料，以利于奶牛多吃饲料，减少体重的损失。当然，也有提倡每天喂5～6次精饲料的做法，各场可因地制宜。

4. 喂凉水、湿料或粥料 夏季天气炎热，奶牛饮水量相对增加，每天饮水都在100升左右，必须保证奶牛有足够的饮水。通常可采用自由饮水的方式，并保持水的清洁和清凉，如果地下水合格，最好用凉井水。有条件的场，将水温降到10℃以下喂牛或拌料，或把精饲料制成低温粥料，这对夏季奶牛的防暑降温起到重要的作用。直接利用井水喂牛或拌料，是极为经济的。在高温天气，有条件的牛场可适当饮喂绿豆茶或者盐水麸皮汤（50升水，加食盐50克，麸皮1～1.5千克，每天3次），以增加奶牛食欲，防暑降温，有效控制产奶量下降。

5. 喷淋加鼓风 为保持牛舍内干燥，又要使牛周围的小气候环境温度低而舒适，目前最好的办法是喷淋加吹风。实践证明，在牛舍内实现细珠状间歇喷淋(水珠接近雾状,喷停交替的时间为喷3分钟停4分钟)于牛体表,另外加上对牛吹风,使牛体表温度随水分的蒸发而降低,是夏季较理想又经济的办法,这不仅不会对牛蹄因被水长时间浸泡受到不良影响,也不会使舍内湿度过大,形成不舒服感,更不会引起舍内湿度过大导致周围微生物繁殖过快,从而影响牛体健康。

6. 保持牛体和环境卫生　牛体不洁会影响奶牛皮肤的正常代谢,会引诱蚊、蝇叮扰,牛舍环境不卫生,会孳生蚊、蝇和病菌,严重影响牛奶卫生质量和奶牛健康,同时亦会增加乳房炎、子宫炎、腐蹄病的发生。因此,夏天一般每天至少给牛用清水洗刷1次。用10%(必要时可提高到20%)的硫酸铜液浸泡牛蹄(一般隔天1次)。饲槽每天清洗1次。用菌毒光或杀灭菊酯溶液,每天喷雾环境1次。

7. 淘汰病弱老奶牛　在进入夏季时,要清查核实群内的病牛、体弱牛和老牛,对没有治疗和饲养价值的,应立即淘汰,以免影响生产。

(八)提高产奶量的有效措施

所谓高产奶牛,目前我国高产奶牛饲养管理规范规定,即1个泌乳期305天,产奶量6 000千克以上,乳脂率3.4%(或与此相当的乳脂量)的牛群和个体奶牛。

1. 建立良种核心牛群　有了优良遗传基础的奶牛群(即核心群),加之较高的繁殖率和合理的饲养管理,才能达到奶牛的高产稳产。

2. 饲养科学化

(1)提高奶牛日粮干物质的采食量　牛所需要的营养物质基本上全包括在干物质中,所以干物质的采食量对奶牛来说十分重要,尤其是高产奶牛随着产奶量的增加,采食量必然增加。

在试验实践的基础上，中国奶牛饲养标准科研协作组提出了产奶牛不同类型日粮的干物质参考采食量：适用于偏精饲料型日粮，即精、粗饲料之比为 60：40，其干物质的采食量（千克）= $0.062W^{0.75}+0.40Y$；适用于偏粗饲料型日粮，即精、粗饲料之比为 45：55，其干物质采食量（千克）= $0.062W^{0.75}+0.45Y$。以上 W 代表奶牛体重，Y 代表 4%乳脂率标准奶量。

（2）科学调配混合精饲料　根据季节、泌乳阶段、牛只膘情的变化，及时调整混合精饲料的比例，做到科学、经济、合理。

（3）提高青贮饲料的质量　以青贮玉米为主，为提高青贮质量需要及时收割青贮饲料，在贮存过程中要逐层压实，做到"快、准、实"，制作优质的青贮饲料。

（4）均匀、限量供应辅料、多汁饲料　针对多汁饲料季节性强，对多汁饲料、辅料应合理确定饲喂量，防止过量采食而发生奶牛代谢疾病。

据国内先进的饲养试验结果，体重 650 千克、日产奶量为35～45 千克、乳脂率为 3.5%的高产奶牛，其典型日粮干物质比例结构是精饲料：粗饲料：糟渣类饲料（啤酒糟、豆腐渣、饴糖糟、淀粉渣）应坚持在 60：30：10，粗纤维含量为 15%～17%，粗蛋白质为 18%～20%，产奶净能为 7.28～7.62 兆焦/千克干物质，钙为 0.91%，磷为 0.64%，钙：磷=1.35：1。

日粮中精饲料组成为：玉米 45%，豆饼（粕）18%，玉米蛋白粉 18%，麸皮 10%，鱼粉 4.5%，骨粉 2%，石粉 0.5%，食盐 1%，高效添加剂 1%，粗饲料为全株青贮玉米和中等质量的羊草，糟粕类为啤酒糟。干奶牛精饲料组成为：玉米为 61%，豆饼 10%，麸皮 15%，三号粉 10%，骨粉 1.5%，石粉为 0.5%，食盐 1%，添加剂 1%，每天每头 3 千克精饲料，3 千克干草，10～15 千克青贮玉米。

奶牛日粮中精、粗饲料比例与其健康及生产力的关系：对于日产奶量 35～45 千克的高产奶牛，必须喂给高能量的精饲料；但多加精料，容易出现精、粗饲料比例不平衡的现象。日粮中精饲料的比例大于70%时，奶牛会发生消化功能障碍、瘤胃酸中毒、肝脓肿和乳脂率下降等；日粮中精饲料比例为40%～50%时，可使母牛瘤胃功能保持正常，且可在能量、蛋白质、矿物质、维生素、微量元素供给上满足母牛的产奶需要，发挥母牛正常的泌乳遗传潜力，保持良好的产奶性能，从而提高产奶的饲料转化效率；精饲料的给量为60%～70%，为了保持奶牛的正常消化功能，防止发生瘤胃酸中毒等病，防止乳脂率下降，要用缓冲剂碳酸氢钠和氧化镁，其添加量分别为精饲料的1.6%～2%和0.8%～1%。

另外，奶牛日粮中微量元素、维生素的用量也都必须进行科学配合。

3. 管理科学化

(1)完善奶牛产前产后的管理体系　干奶牛应特别关注90天时间的饲养管理方法，产前做好"三件事"(适度的体膘、干奶好、饲喂维生素E和硒)，产后打好"三支针"(补葡萄糖酸钙针、注射抗生素、注射催产素)，减少难产、产后瘫痪、缩短胎衣排出时间。

(2)增强高峰期的产奶量意识　千方百计把进入泌乳高峰期的奶牛的产奶量发掘出来，保证足够的营养需要，加强对奶牛的护理，在饲养上着重保持旺盛的食欲，促使高峰期的产奶量保持比较高的水平并且保持比较长的时间。

(3)确保饲料均衡、稳定供应　饲料是影响产奶性能的主要因素。要根据生产上的要求，尽量发挥当地饲料资源的优势，扩大来源渠道，既要满足生产上的需要，又要力争降低饲料成本。饲料供给要注意合理日粮的要求，做到均衡供应，各类饲料合理配给，避免单一性。为了保证配合日粮的质量，对于各种精、粗饲料，要定期做营养成分的测定。

三、奶牛饲料与饲料加工利用技术

一个奶牛群，个体之间产奶量的差异，有20%～30%是受遗传因素的影响，其余75%左右决定于外界因素，如环境和气候条件，饲料品质和种类，管理技术水平等，其中饲料是最主要的因素。饲料是奶牛生产费用的最大部分，因此要经营好一个奶牛场，加强对饲料的选择、管理和开发利用是十分必要的。

（一）饲料分类

奶牛的饲料种类一般分为：精饲料、粗饲料、多汁饲料、动物性饲料、矿物质饲料和饲料添加剂六大类。

1. 精饲料 干物质中粗纤维含量小于18%的饲料统称精饲料。精饲料又分能量饲料和蛋白质补充料。干物质中粗蛋白质含量小于20%的精饲料称能量饲料；干物质中粗蛋白质含量大于或等于20%的精饲料称蛋白质补充料。精饲料主要有谷实类、糠麸类、饼粕类3种。

（1）谷实类 粮食作物的籽实，如玉米、高粱、大麦、燕麦、稻谷等为谷实类，一般属能量饲料。玉米是奶牛饲料中比例最多，俗称“饲料之王”。未加工的玉米，有18%～33%从粪便中排出而浪费，宜粉碎后饲喂。玉米中脂肪主要为不饱和脂肪酸组成，磨碎后，易于酸败，不宜长久贮存，应现用现粉碎；高粱含鞣酸多，应限量，否则易引起便秘；大麦有外壳包裹，宜粉碎后饲喂。

（2）糠麸类 各种粮食干加工的副产品，如小麦麸、玉米皮、高粱糠、米糠等为糠麸类，也属能量饲料。糠麸类的蛋白质、粗纤维含量比谷实类高，B族维生素含量丰富，维生素E含量也较高。但含糖少，物理结构疏松，体积大，适口性好，且具有轻泻作用。

（3）饼粕类 油料的加工副产品，如豆饼（粕）、花生饼（粕）、菜籽饼(粕)、棉籽饼(粕)、胡麻饼、葵花籽饼、玉米胚芽饼等为饼粕类。以上除玉米胚芽饼属能量饲料外，均属蛋白质补充料。带壳的棉籽饼和葵花籽饼干物质中粗纤维量大于18%，可归入粗饲料。大豆的蛋白质略低于豆饼，但含有18%油脂。生大豆和未经加热的大豆饼(粕)含有尿素酶和胰蛋白酶抑制因子，故大豆和未经加热的大豆饼(粕)不宜和尿素并用，奶牛喂生大豆和未经加热的大豆饼(粕)应渐适应，以免发生腹泻和食欲下降。花生饼有香味，适口性好。但花生饼饲喂过多易引起腹泻，或使牛体中软脂肪酸的含量增高。另外，花生饼不易贮存，易变质产生黄曲霉，引起中毒。花生饼(粕)可占精饲料的20%，但最好与豆饼或其他饼粕类混喂。

菜籽饼具有辛辣味，适口性差，因此用量不能多，只能占蛋白质饲料中的一部分。菜籽饼在饲喂以前不能用温水浸泡，因为菜籽饼中含有配糖体黑芥毒和芥子苷，用温水浸泡菜籽饼时，配糖体在芥子酶的作用下分解形成有毒物质，如噁唑烷硫铜，它阻碍甲状腺素合成，以至甲状腺肿大。如榨油时菜籽粉碎加热到100℃左右，使芥子酶失去活性，则不会产生中毒的危险。为防止中毒，菜籽饼宜干喂，或将菜籽饼煮过后再饲喂，较为安全。奶牛日喂量为1～1.5千克，犊牛和妊娠母牛最好不要喂。

菜籽饼(粕)的脱毒方法：在农村条件下可用水浸泡法，按饼重的5倍加水浸泡36小时，并换水5次，脱毒率可达90%。

棉籽饼含有游离“棉酚”，因此过量饲喂会引起中毒，日粮中应控制其用量，一般不超过混合精料的15%或不超过1.4～1.8千克(成年牛)，并与大量青绿饲料一起饲喂，妊娠牛少喂。

棉仁(籽)饼(粕)可用水热处理去毒。游离棉酚在湿热处理时，可形成结合棉酚，不易被奶牛吸收，因而减轻对奶牛的毒性。特别是在农村对土榨饼采用这种方法效果较好。方法是将粉碎的棉籽饼加适量水煮沸并搅拌，煮约0.5小时，冷却后备用。

2. 粗饲料 干物质中粗纤维含量大于或等于18%的饲料统称粗饲料。粗饲料主要包括干草、秸秆、青绿饲料、青贮饲料4种。

(1)干草 为水分含量小于15%的野生或人工栽培的禾本科或豆科牧草。如野干草(秋白草)、羊草、黑麦草、苜蓿等。各地饲养实践表明,粗饲料在日粮干物质中一般比例不应低于50%,其中优质干草每天不少于3千克,否则将影响奶牛健康和产奶水平。成年母牛日喂量在9~10千克为宜。

(2)秸秆 为农作物收获后的秸、藤、蔓、秧、荚、壳等。如玉米秸、麦秸、稻草、谷草、花生藤、甘薯蔓、马铃薯秧、豆荚、豆秸等。有干燥和青绿2种。秸秆饲料中含有大量的粗纤维,一般为30%~40%,且含有大量的木质素,因此秸秆的可消化性很差。饲养实践表明,禾本科秸秆以粟秸的营养价值最高,其次是燕麦秸、稻草、大麦秸和小麦秸。枯老的玉米秸的营养价值最低。豆科秸秆中的总营养价值一般不比禾本科秸秆高,但豆科秸秆中的蛋白质、钙和磷的含量却高于禾本科秸秆。

(3)青绿饲料 水分含量大于或等于45%的野生或人工栽培的禾本科或豆科牧草和农作物植株。如野青草、青大麦、青燕麦、青苜蓿、三叶草、紫云英和全株玉米青饲等。这类饲料的特点是含水分多、干物质少,营养价值低,但含有丰富的维生素和钙质。幼嫩的青饲料含纤维少,柔软,适口性好,牛爱吃,饲料的消化吸收率高。饲喂青绿饲料应控制喂量,否则,将影响其他营养物质的采食量,造成能量供应不足。豆科、禾本科牧草、青菜及野青草,采食量约为体重10%。但豆科牧草应加控制,否则易引起瘤胃臌胀。

(4)青贮饲料 是以青绿饲料或青绿农作物秸秆为原料,通过铡碎、压实、密封,经乳酸发酵制成的饲料。含水量一般在65%~75%,pH值4.2左右。含水量45%~55%的青贮饲料称低水分青贮或半干青贮,pH值4.5左右。成年牛日喂量以15~20千克为宜。各地经验表明,全年供应青贮饲料,对保证饲料稳定供应和奶牛稳产高产起到重要作用。

3. 多汁饲料 干物质中粗纤维含量小于18%，水分含量大于75%的饲料称多汁饲料，主要有块根、块茎、瓜果、蔬菜类和糟渣类2种。

(1)块根、块茎、瓜果、蔬菜类 如胡萝卜、萝卜、甘薯、马铃薯、甘蓝、南瓜、西瓜、苹果、大白菜、甘蓝叶等均属能量饲料。尤其是胡萝卜是奶牛冬季不可缺少的维生素A补充料。在冬季增加一些胡萝卜，可以改善日粮口味，提高适口性，增加食欲和提高消化率，提高产奶量。对于母牛的正常发情、排卵、受胎有良好的作用。成年奶牛每头每天喂量10千克。

(2)糟渣类 如粮食、豆类、块根等湿加工的副产品为糟渣类。如淀粉渣、糖渣、酒糟属能量饲料；豆腐渣、酱油渣和啤酒渣属蛋白质补充料。甜菜渣因干物质中粗纤维含量大于18%，应归入粗饲料。糟渣类饲料能量和蛋白质较多，适口性好，但含水量高，不易保存，易变质，一般趁新鲜时利用。这类饲料对提高产奶量效果明显。

淀粉渣是制作粉条和淀粉的副产品。用玉米、土豆、甘薯等原料生产的粉渣，所含营养主要是淀粉和粗纤维，粗蛋白质极少；用豌豆、绿豆、蚕豆作原料生产的粉渣，含蛋白质较高，质量也较好；制药厂的玉米淀粉因用亚硫酸液处理过玉米，有一定的毒害作用。粉渣夏天易腐败，牛吃了容易中毒。淀粉渣的日喂量应控制在3～5千克。

糖糟含有丰富的蛋白质和较高的糖分，适口性极佳。同时，糖分中含有混合酶类发酵物，有刺激消化功能和提高消化率的效果，日粮中配合一定量的糖糟，可刺激食欲，增加采食量，提高产奶量，特别是饴糖糟对提高奶牛产奶量的效果更显著。缺点是夏季易变质，一般只能保存4天左右；冬季可保存8天左右。糖糟喂量过多会引起中毒或降低食欲。

酒糟是酿酒工业的副产品，营养价值高，但不能单独饲喂，应与胡萝卜、青草、糠麸、精饲料搭配，日喂量应控制在3～5千克，过多会引起便秘。

豆腐渣含水分多，渣中有少量蛋白质和淀粉，缺乏维生素，但适口性好，消化率高。豆腐渣易腐败，夏天只能当天生产当天喂，隔天就会腐败变质，散发异臭。冬天也只能在2天内喂完，否则将会引起副作用。日饲喂量为2.5～3.5千克。

新鲜啤酒糟含水分约75%，啤酒糟内含有大量的大麦麸皮，故是糟粕类饲料中含粗纤维最高的。以干物质计算，含有粗纤维18%、粗蛋白质22%、无氮浸出物47.9%、粗脂肪6.3%。饲料中含磷多，含钙少，维生素A、维生素D缺乏。饲喂量：育成牛每天喂1～4千克，成年母牛日喂量控制在7～10千克。高产牛可适当增加饲喂量。饲喂时每天添加50～100克小苏打(碳酸氢钠)，同时建议骨粉占日粮的2%。另外，由于奶牛产奶早期营养常处于负平衡状态，因此产后1个月内应尽量不喂或少喂啤酒糟，否则会影响生殖系统的恢复及诱发代谢病，对产后发情配种产生不利影响。啤酒糟适口性好，奶牛喜食，是提高奶牛产奶量较好的饲料。缺点是能量不足，夏季容易变质，一般夏季只可存放3天左右，冬季可存放7天左右。

啤酒糟可以微贮，延长保存时间。由于微贮啤酒糟具有催乳作用，干奶牛最好不要饲喂啤酒糟。据报道，饲喂啤酒糟过量会损害奶牛健康，造成严重后果，主要会引起瘤胃酸中毒，可导致牛突然死亡。夏天成年牛日喂啤酒糟20～30千克，即可引起妊娠牛流产。

甜菜渣的主要成分是碳水化合物，含蛋白质低，缺乏维生素，但适口性好，有利于维持夏天的采食量。由于含甜菜碱，故有毒性作用，鲜喂成牛母牛日喂量为10～15千克，应与蛋白质较多的混合精料和青饲料搭配使用。

4. 动物性饲料 来源于动物的产品及动物产品加工的副产品称动物性饲料。如牛奶、奶粉、鱼粉、骨粉、肉骨粉、血粉、羽毛粉、蚕蛹等干物质中粗蛋白质含量大于或等于20%，属蛋白质补充料；如牛脂、猪油等干物质粗蛋白质含量小于20%，属能量饲料。如骨粉、蛋壳粉、贝壳粉等以补充钙、磷为目的，归属矿物质饲料。

鱼粉蛋白质含量高，优质鱼粉蛋白质含量高达60%。国产鱼粉蛋白质含量一般仅40%，但国产优质可达50%。含脂肪10%左右，含磷、钙、维生素都较高，营养价值高。但是，鱼粉有腥味，奶牛不爱吃，而且鱼粉的价格一般都比较高，喂多了在经济上不合算。

血粉含蛋白质较多，也可作为奶牛的饲料。

欧盟规定，严禁用动物性蛋白饲料饲喂反刍动物，以防止疯牛病的传播。

5. 矿物质饲料 可供饲用的天然矿物质，称矿物质饲料，以补充钙、磷、镁、钾、钠、氯、硫等常量元素(占体重0.01%以上的元素)为目的。如石粉、碳酸钙、磷酸钙、磷酸氢钙、食盐、硫酸镁等。

6. 饲料添加剂 为补充营养物质、提高生产性能、提高饲料利用率，改善饲料品质，促进生长繁殖，保障奶牛健康而掺入饲料中的少量或微量营养性或非营养性物质，称饲料添加剂。奶牛常用的饲料添加剂主要有：维生素添加剂，如维生素A、维生素D、维生素E、烟酸等；微量元素(占体重0.01%以下的元素)添加剂，如铁、锌、铜、锰、碘、钴、硒等。氨基酸添加剂，如保护性赖氨酸、蛋氨酸；瘤胃缓冲调控剂，如碳酸氢钠、脲酶抑制剂等，酶制剂，如淀粉酶、蛋白酶、脂肪酶、纤维素分解酶等；活性菌(益生素)制剂，如乳酸菌、曲霉菌、酵母制剂等；另外，还有饲料防霉剂或抗氧化剂。

饲料添加剂的特点是用量少，作用大。使用时要注意3点：一是保存条件要适宜。添加剂饲料，特别是维生素类、酶类、激素类饲料，不太稳定。保存时温度要低，并放置在阴凉通风处。二是使用剂量要准确。添加剂饲料一般用量少，有不少添加剂超过使用量，易引起中毒，所以使用时要特别慎重，一定要混合均匀。三是严防浪费。添加剂往往价格较高，使用时要精打细算，严防浪费。

（二）饲料的加工与调制

科学合理的加工利用饲料，对提高饲料的利用价值，科学地开发利用饲料资源具有十分重要的意义。

1. 青干草制作与调制 青干草的晒制，分自然干燥和机械干燥法。

（1）自然干燥 在立秋前后，利用阳光将鲜青草晒干，这时青草的含水量已减少，天气也较好，雨水少，是晒制干草的较好季节，一般 2～4 千克鲜青草可晒制 1 千克青干草。

（2）机械干燥法 在有条件的地方可采用机械干燥法进行干燥，但成本很高。

干草要求标准含水量应在 17%以下，保持有青绿颜色，具有芳香气味，干燥的叶片较多；劣质干草呈褐色、发霉、有霉味、结块，此类草不适于喂奶牛。

2. 秸秆青贮技术

（1）适期刈割 适期刈割不但水分和碳水化合物含量适当，而且可从单位面积上获得最高的干物质产量和最高的营养利用率，从而增加奶牛采食量。如豆科牧草及野草适宜收割期在开花初期，禾本科牧草及麦类在抽穗初期，甘薯藤在霜前或收薯前 1～2 天，带穗玉米秸在玉米成熟时等。

（2）调节水分含量 青贮原料的水分含量是决定青贮成败最重要的因素之一。一般青贮料的调制，适宜含水量为 70%左右。刈后直接青贮的原料水分含量较高，可加入干草、秸秆等或稍加晾晒以降低水分含量。谷物秸秆含水量低，可加水或与嫩绿新割的原料混合填装，以调节水分含量。测定青贮原料含水量的方法，一般是以手抓法估测大致的含水量，将铡碎的不超过1厘米的原料在手里握成团，无汁液或渗出很少的汁液，松开后草团慢慢散开，含水量即在70%左右。

(3)切碎　青贮原料必须切碎。因为切碎除便于压实外，还由于汁液渗出润湿其表面，加速乳酸菌的繁殖，且有利于家畜采食，提高消化率。试验表明，青贮原料切得越短，青贮料品质越好，以0.5厘米效果最好。质地粗硬的原料，可铡成2～3厘米长。

(4)装填与压实　青贮原料应随时切碎，随时装贮。如果在窖外的时间放置过久，易发热霉烂。装填最重要的一项是要层层压实，压实的作用是排出空气，为青贮窖创造厌氧乳酸菌发酵的条件。青贮原料装填越紧实，空气排出越彻底，青贮的质量越好。

(5)密封　青贮原料装填完后，应立即严密封埋。如果在装填后拖延封窖，会使青贮饲料进行有氧发酵，导致青贮料品质低劣，增加干物质损失量。因此，应尽量做到边装窖、边踩实、及时封窖。一般应将原料装至高出窖面30厘米左右，再用塑料薄膜盖严后，用土覆盖30～50厘米或用废旧轮胎压实，窖顶呈馒头形或屋脊形，不漏气，不漏水。

(6)管护　青贮窖贮好封严后，在四周约1米处挖沟排水，以防雨水渗入。多雨地区，应在青贮窖上面搭棚。另外，要随时注意检查，发现窖顶有裂缝时，应及时覆土压实。

3. 秸秆氨化技术　氨化的作用就在于破坏秸秆类粗饲料中纤维素、半纤维素与木质素之间的紧密结合，使纤维素、半纤维素和木质素分开，提高奶牛对粗饲料的消化率。另外，氨化还增加了秸秆中粗蛋白质含量，一般来说，秸秆氨化后消化率可提高20%左右，采食量也相应地提高20%左右，氨化后的粗蛋白质含量也提高1～1.5倍，其适口性和采食速度也得到改善和提高，总的营养价值可提高1倍。氨还具有杀菌作用、杀死肝片吸虫与杂草种子等功能。目前，生产实践中氨化处理秸秆的方法很多，这里介绍以下几种。

（1）液氨氨化法　将秸秆打捆（或不打捆）再用塑料膜覆盖密封。在堆的底部用一根管子与装有液氨的罐子相连，开启罐子上的压力表，通入秸秆重3%的液氨进行氨化，即液氨的用量标准为1吨秸秆用30千克液氨。

氨气扩散速度很快，但氨化速度很慢，氨化时间决定于气温。通常夏季需要1周，春、秋季2～4周，冬季4～8周，甚至还长。

液氨处理过的秸秆喂前要揭开1～2天，使残余氨气挥发。

（2）氨水氨化法　方法基本同上，但因氨水含氨量为17%，用量需相应提高。可按秸秆重量10%的比例将氨水均匀地喷洒在秸秆上，逐层堆放逐层喷洒，最后用薄膜封闭严实。

应注意的是要用合成氨水。焦化厂生产的氨水因含有毒物质和杂质不能用；含氨量少于17%的也不宜用。加工处理1吨秸秆所需氨水数量：25%浓度的氨水150升，17.5%浓度的氨水170升。

（3）尿素氨化法　一般3千克尿素溶解于20升水中，洒在铡碎的100千克秸秆上，填于氨化池内，用塑料薄膜封严。在20℃左右的气温下存放15天即可使用；有的使用尿素释放出足量的氨，可存放40天左右，这可使消化率提高到65%。尿素的比例高时，存放的时间可以长一些。

密封对氨化法很重要，有的用平地堆放的办法，上面盖一层塑料布，周围用砖块压住。周围密封不好，很容易被风化，变成肥料，这样损失就大。即使有氨化池的地方，密封依然是关键措施。

4. 秸秆微贮饲料　秸秆微贮是利用微生物对粗饲料进行的一种加工方法。经过微生物的发酵作用，使其理化性质有些改变，提高适口性和营养价值，变得酸、甜、软、熟、香，奶牛容易消化利用。

目前，我国农村利用秸秆喂牛很普遍，因此寻求提高纤维素消化率问题显得很重要。通过发酵解决这一问题的途径有2个：一是利用真菌中的绿色木霉菌产生的纤维素酶分解纤维素，提高消化率；二是利用反刍动物瘤胃内容物中的微生物群，在体外人工培养条件下，用以发酵饲料，即人工瘤胃发酵饲料。

微贮饲料是在农作物秸秆中加入微生物高效活性菌种，放入密封的水泥窖贮藏，经过一定时间的发酵过程，使秸秆变成酸、香、有酒味、草食家畜喜食的饲料。麦秸微贮饲料的干物质体内消化率提高了24.14%，粗纤维体内消化率提高了43.77%，有机物体内消化率提高了29.4%。麦秸微贮饲料的代谢能为8.73兆焦/千克，消化能为9.84兆焦/千克。麦秸微贮后的总能量几乎无损失。

微贮饲料制作方法较简单。先将秸秆粉放入发酵缸（或铁锅）内，再将曲子（为酵母曲）混入少量麸皮或玉米面内，用水泡开，倒入准备好的秸秆粉内，边搅拌，边加水。掌握加水多少的方法是用手握一把拌好的发酵饲料，以手指缝见有水珠挤出，但无水珠下滴为宜，一般加水量为原料重量的80%～120%。然后疏松地堆放在大发酵池内进行发酵，中央插一普通温度计。待第三天后温度升到40℃～50℃时，将原料上下翻动1次，压实、加盖，此时温度不再上升，经1天多时间就发酵好了。

微生物法主要是利用有益微生物——乳酸菌、酵母菌等，在适宜的条件下，秸秆中部分成分被溶解，增加菌体蛋白、B族维生素及其他对奶牛有益微生物，并使其软化，提高适口性，增加采食量。

5. 磨碎压扁　籽实饲料饲喂前，必须磨碎，增加饲料与微生物或消化道的接触面，可使饲料受到充分的浸润，也使消化过程比较安全。

谷粒磨碎程度，应根据家畜种类、年龄及籽实特性而定。牛能利用中等和较粗的碎粒，大部分是1～2毫米的颗粒。

6. 切短切碎 切短切碎是粗饲料、青绿饲料和块根、块茎及瓜果类饲料最简单的加工方法。其目的是便于咀嚼,减少浪费和便于搅拌等。如对秸秆的切短,使奶牛无法挑选,拌入精饲料后改善适口性,增加采食量,从而提高生产力。

切短切碎的适宜程度,根据家畜的种类和年龄而异,奶牛一般为 3～4 厘米。

7. 蒸煮和焙炒 豆类籽实含有胰蛋白酶抑制因子,蒸煮后能破坏这种物质的作用,从而提高了它的消化率,同时适口性大大提高。禾本科籽实含淀粉较多,经蒸煮或焙炒后淀粉糖化,变成糊精,产生香味,有利于消化。

第六章　牛奶的优质安全

一、牛奶卫生质量的相关概念

(一)安全牛奶

所谓安全牛奶,即指无污染、对人类健康有保障的牛奶,主要是指除营养物质含量、色、香、味等达到国家或国际标准外,还要求无病原微生物,无药物(农药、抗生素、激素)残留,无铅、砷等重金属残留,细菌总数不得超出国家或国际标准。

(二)无公害牛奶

无公害牛奶是指产地环境、生产过程和产品质量符合国家有关标准和规范的要求,经认证合格获得认证证书并允许使用无公害农产品标志的未加工牛奶或者初加工的奶制品。简单地说,把有害物质控制在安全允许范围内的牛奶及其加工品就是无公害牛奶食品。

为了解决食品安全问题,2001 年 4 月,我国农业部开始实施无公害食品行动计划,力争通过 5 年左右的时间,基本实现食用农产品无公害生产。无公害食品的认证体系由农业部牵头组建,部分省、自治区、直辖市、政府职能部门已制定了地方认证管理办法。

(三)绿色牛奶

绿色牛奶是遵循可持续发展原则,按特定生产方式进行生产,经中国绿色食品发展中心认证、许可使用绿色食品标志商标的无污染的安全、优质牛奶及乳制品。

自然资源和生态环境是食品生产的基本条件，由于与环境保护有关的事物通常都冠之以“绿色”，为了更加突出这类食品出自良好的生态环境，因此将其定名为绿色食品。绿色食品由中国绿色食品发展中心(CGFDC)负责认证。中国绿色食品发展中心在各省、自治区、直辖市及部分计划单列市设立了委托管理机构，负责本辖区的有关管理工作，有统一的标志。按照生产过程和生产标准，绿色食品分为A级和AA级。

(四)有机牛奶

有机牛奶是指来自于有机农业生产体系，根据有机食品生产标准生产加工，并通过合法的独立的有机食品认证机构认证的牛奶及乳制品。有机农业指遵循可持续发展原则，按照有机农业基本标准，在生产过程中完全不用人工合成的肥料、农药、生长调节剂和畜禽饲料添加剂，也不采用基因工程技术及其产物的农业生产体系，其核心是建立和恢复农业生产系统的多样性和良性循环。有机食品是一种纯天然、无污染、高品位的食品，是一种受到国际承认且正流行的环保食品。有机食品在国际上一般由政府管理部门审核、批准的民间或私人认证机构认证，全球范围内无统一标志，各国标志呈现多样化，我国有代理国外认证机构进行有机食品认证的组织。

二、牛奶的种类

奶牛在整个泌乳期，由于生理、病理或其他因素的影响使奶的成分发生了变化。通常人们按其成分变化的情况将乳分成初乳、常乳和末乳3种，或分为常乳和异常乳2种。

(一)常　乳

奶牛产犊后7天至停奶前所产的奶称为常乳。它是加工乳制品的原料,其成分和性质基本稳定。但常乳的质量应符合要求和国家规定标准,否则不可以作为原料奶。

(二)异常乳

其他异于常乳性质的奶均称为异常乳。主要是初乳、末乳;酒精阳性奶、低成分的奶、细菌污染奶、混入杂质的奶;患乳房炎及其他病的牛所产的牛奶。

1. 生理性异常乳

(1)初乳　产犊后1周内所产的奶,呈黄褐色,黏度大。其化学成分与常乳有明显的差异,干物质含量较高,干物质中主要是蛋白质和灰分,此外还含有丰富的维生素A和维生素D。初乳的酸度可达50°T。

(2)末乳　雌性哺乳动物一个泌乳期结束前1周所分泌的乳称其为末乳。末乳的化学成分与常乳有显著异常。当1天的泌乳量在2.5～3千克以下时,乳中细菌数及过氧化氢酶含量增加,酸度降低。末乳pH值达7,细菌数达250万个/毫升乳,氯根浓度为0.16%左右。这种乳不适于作为乳制品的原料乳。

2. 化学异常乳

(1)低成分奶　主要是由于饲养管理、遗传等因素的影响,使奶的成分发生异常,致使干物质含量过低。如长期营养不良,精、粗饲料供应不足或比例不当等均可发生低成分奶(如低脂肪奶)。

(2)酒精阳性奶　用68%、70%、72%的酒精与等量奶混合,立即产生絮状块的牛奶称为酒精阳性奶。分高酸度和低酸度酒精阳性奶2种。高酸度酒精阳性奶的酸度在18°T～20°T以上,加70%酒精凝固。主要是牛奶在收购、运输过程中,由于卫生条件差，未及时冷却，消毒不严，奶中的微生物迅速繁殖，乳糖分解为乳酸，致使酸度升高，加热凝固，这种奶是发酵变质的奶。低酸度酒精阳性奶的酸度在16°T以下，酒精试验能产生细小絮状凝结，加热不凝固。引起的原因可能与饲养管理失调(矿物质不足或过量，饲喂腐败饲料而引起体内平衡失调)，乳腺功能降低，生理功能的改变以及其他不良因素的影响。低酸度酒精阳性奶中的蛋白质、脂肪、乳糖含量与常乳无明显差异，并未失去使用价值，仍可应用，只是耐热性较差，在100℃以内与正常乳无太大区别，在120℃以上时易发生凝固，用片式消毒器杀菌时，在金属片上易产生乳石。

(3)冷冻乳(冻结乳)　主要是在寒冷的冬天长途运输鲜奶而产生冻结现象后，使乳化状态破坏，引起蛋白质沉淀，乳脂分离，解冻后易发生分层现象，蛋白质氨化发生臭味等。同时影响酪蛋白与盐类的结合，使之成为酒精阳性奶。

(4)混入杂质的奶　主要是指偶尔混入昆虫、尘土、污水、粪便、杂草、杀菌剂、防腐剂、洗涤剂等的牛奶。

3. 病理异常乳　主要是指患乳房炎及患有其他病的牛所产的牛奶。引起乳房炎的主要细菌有溶血性链球菌、葡萄球菌、大肠杆菌等，另外还有布氏杆菌、结核杆菌等，在牛奶中都含有大量的病原微生物，细菌数、体细胞数明显增多，用作加工原料，会使乳制品风味变坏、变质，同时能传播疾病，引起食物中毒。

用抗生素治疗乳房炎等疾病，牛奶会变成“有抗奶”，人饮用会引起过敏反应等疾病；同时细菌污染的奶，用70%的酒精试验呈阳性。

三、牛奶的营养价值

(一)牛奶的常规营养价值

1. 牛奶的营养成分全面,品质佳 牛奶中含有的各种化学成分都是人体所需的营养物质,且这些营养物质含量全面,品质高。中国营养学会 1988 年修订公布“推荐的每日膳食中营养素供给量”中规定的能量、蛋白质、脂肪、钙、铁、锌、硒、碘、维生素等各个项目在牛奶中均含有。尤其是乳蛋白中含有人体必需的 8 种氨基酸(赖氨酸、蛋氨酸等),不仅能满足婴、幼儿和病、老者的蛋白质营养,而且也是常人对膳食中植物性蛋白质的重要补充。牛奶中含有多种常量和微量元素,尤其是可供人体利用的钙质十分丰富。

2. 牛奶被人体消化吸收和利用率高 据测定,人体对牛奶的消化吸收率达 92%~98%。牛奶中蛋白质对人体的生物学效价为 85%(鱼为 83%,肉为 74%,大米 77%,面粉 52%)。联合国粮农组织对人类所需的最适宜氨基酸量有一个暂定标准,牛奶和鸡蛋列为千百种食物中最接近标准的食物。

3. 牛奶属高营养浓度的食物 与它的热能值相比,牛奶含有的主要营养物质浓度较高。如据美国农业部(1980)资料,全年人均消费奶品 240 千克,奶品(不含黄油)在美国消费的食物总量内约提供 10%的热能,而它们却提供 72%的钙、36%的维生素 B_2、33%的磷、20%的蛋白质、20%的镁、18%的维生素 B_{12}、12%的维生素 A、11%的维生素 B_6,以及大量维生素 D 和烟酸等价物。从这个意义上讲,高营养浓度的乳品,特别是低脂乳品,对于肥胖症、糖尿病、高脂血症和消化系功能不全的患者是十分相宜的。

4. 牛奶的若干营养缺陷 牛奶中铁的含量比人奶中的少,比人体每日营养需要量更嫌不足,故应另外摄食铁质,喂养婴儿时更需注意。牛奶中没有膳食纤维，而对 6 月龄以上的幼儿直至老年，膳食纤维对于正常的胃肠功能是必需的。

牛磺酸是半胱氨酸的代谢产物，对人的视觉，正常细胞功能，提高免疫力和促进婴幼儿大脑发育等有重要作用。由于正常牛奶和人奶中的牛磺酸含量往往满足不了快速生长儿童的生理需要。目前在婴儿奶粉等乳制品中常添加牛磺酸。

(二)牛奶的专门营养作用

牛奶除能为人类提供能量和常规营养(一般食品都有的功能)外，还有许多专门作用，因为牛奶是地球上最高等生物——哺乳类的专门产物，含有许多参与机体免疫保护和生理调节的活性物质。

1. 牛奶可以为人类有效地提供钙 钙是人体内含量最多、营养中又最易缺乏的一种矿物元素，全球人群都缺钙，中国人更严重，尤其是老年人。这由国人的膳食结构所决定，果蔬、谷粮和肉鱼等食物中钙的吸收率大多不超过 25%，牛奶中不仅钙的含量高(850～1 300 毫克/升)，而且还含有丰富的促进钙吸收的物质，如维生素 D、酪蛋白磷肽和乳糖等，所以牛奶中钙吸收率在 70%以上。牛奶钙、磷比例适宜，有利于消化吸收，被公认为是最优质的钙源，比服用补钙制剂更经济、更有效。据科学计算，每天喝400～600 毫升牛奶，加上正常饮食，可基本满足人体对钙的需求。但要注意不宜与含草酸多的蔬菜(菠菜等)和鞣酸多的水果(柿子等)及浓茶同食。

2. 牛奶能降低人类高血压病的发病率 有研究表明，人体摄取钙不足是导致高血压病的重要因素之一。因此建议摄食一定量的奶品可预防高血压病。

3. 牛奶能降低人血清胆固醇水平 在常见的动物性食品中，牛奶的胆固醇含量很低(仅为 140 毫克/千克，而蛋、肉中分别为 4 500 毫克/千克和 1 000 毫克/千克)。另外，牛奶中含有乳基酸，能抑制人体内源性胆固醇合成。

4. 常饮牛奶可预防肠癌　牛奶中卵磷脂、超氧化物歧化酶和双歧杆菌增殖因子等能直接或间接地抵御致癌因子的损害。另有研究认为，牛奶中的钙能使肠内致癌物质变为非致癌物排出体外，故可预防结肠癌和直肠癌。

5. 牛奶有镇静催眠作用　牛奶中的色氨酸在人体内能转化为5-羟色胺，因此对人有镇静催眠作用；另外，牛奶中的α-乳白蛋白被称为“天然舒睡因子”，它也有调节大脑神经和改善睡眠的作用。

6. 加工乳制品及其特殊保健功能　一般说来，生奶自离开乳房后，随着微生物和化学污染的加剧，质量变得越来越差，进行及时和适当的加工处理或添加法定的食品添加剂则可使原料增加营养，改善色香味，提高消化吸收利用率，除去毒害及不良因子，便于长期保存等。科学的加工处理不仅可保存牛奶原有的营养成分，改善其质量，而且可强化其保健功能，甚至赋予其新的内涵，成为品质超凡的功能性或具疗效的食品。

此外，牛奶中含有数十种蛋白质、多肽类、类固醇类激素以及生长因子，如上皮生长因子、神经生长因子及促红细胞生长素等。中医还认为牛奶味甘性平，有生津止渴、补虚健体、健脾养胃之功效。

(三)牛奶的主要营养成分

1. 水分　水分是牛奶中主要成分，占87%～89%。水包括自由水和化学结合水。前者的水绝大部分呈游离状存在，在乳制品加工过程中易除去，而后者的水却是牢固地与乳蛋白、磷脂质、脂肪球和被膜物质相结合，不易除去。

2. 干物质　将牛奶干燥到恒重时所得到的残渣叫奶的干物质。常乳中干物质含量在11%～13%。干物质中含有奶的全部营养成分，如脂肪、蛋白质、乳糖、矿物质、维生素等。奶中干物质的数量随奶中各种物质成分的百分含量而变化，尤其是乳脂肪比较不稳定。

3. 乳脂肪 牛奶中一般含脂肪3%～5%，其中97%～99%为乳脂肪，1%为磷脂（卵磷脂、脑磷脂等）及其固醇类。牛奶的脂肪是以微细的球状分散在牛奶中，是牛奶的重要成分之一。乳脂肪不仅与牛奶风味有关，同时也是奶油、全脂奶粉及干酪等乳制品的主要成分。乳脂肪中含有的不饱和脂肪酸对人体具有特殊的营养作用。

4. 乳蛋白质 乳蛋白质是牛奶中最有价值的成分，被称为全价蛋白质。奶中的蛋白质主要为酪蛋白，其次为白蛋白、球蛋白以及其他多肽类，习惯上人们把酪蛋白以外的蛋白称乳清蛋白。

牛奶中总蛋白占2.7%～3.7%，其中酪蛋白要占到蛋白总量的78%，白蛋白占13%，球蛋白在常乳中含量很低而在初乳中含量很高。酪蛋白富含磷，并与钙结合成微粒，结构稳定，具有缓冲性。如果把牛奶加热到60℃以后，奶中的白蛋白开始沉淀，并粘到热传导物的表面，如锅底。球蛋白在牛奶中加热到75℃左右时会产生凝结，因此由于初乳中球蛋白的含量高，不能进行巴氏杀菌，就是因为加热时这种蛋白质易凝结。

5. 乳糖 乳糖是牛奶中特有的糖类，也是存在于牛奶中最主要的碳水化合物。乳糖在牛奶中的含量为4.5%左右。乳糖可以被乳酸菌作用分解成乳酸，使牛奶变酸。

乳糖水解后所产生的半乳糖是形成脑神经中重要成分（糖脂质）的主要来源，所以在婴儿发育旺盛时，乳糖有很重要的作用。同时由于乳糖水解比较困难，因此一部分被送至大肠中。在大肠内由于乳酸菌的作用使乳糖形成乳酸而抑制其他有害细菌的繁殖，所以乳糖对于防止婴儿腹泻也有很大作用。

6. 矿物质 牛奶中矿物质也称无机盐。因为测矿物质通常先将牛奶蒸发干燥，然后灼烧成灰分，以灰分的量来表示矿物质的含量，所以又称灰分，其在牛奶中含量为0.35%～1.21%，平均在0.7%左右。

牛奶中的矿物质主要有磷、钙、镁、硫、铁、钠、钾等，此外还含有一些微量元素如碘、铜、锰、硒、铝、氟、锌、钴、铬、钼等。这些矿物质在牛奶中的含量因牛的品种、泌乳期、饲料及季节、健康状况等不同而变化。牛奶中的矿物质大部分与有机酸和无机酸结合，并以可溶性的盐类状态存在，其中最主要的为无机磷酸盐及有机柠檬酸盐。

7. 维生素　牛奶含有人体所需的多种维生素。

(1)维生素A　牛奶中含有维生素A及胡萝卜素。饲料中胡萝卜素的含量高，奶中维生素A的含量也高。每千克牛奶中含维生素A 0.2～2毫克和胡萝卜素3.8毫克，具有预防夜盲症的作用。

(2)维生素D　具有促进钙、磷的吸收并在骨骼中沉积的功能。每千克牛奶中含有20单位的维生素D。能预防佝偻病、发育障碍。

(3)维生素E　也称生育酚。它能改善氧的利用而促进组织细胞吸收过程恢复正常；它还是天然的抗氧化剂，能防止维生素A、维生素D及不饱和脂肪酸在消化道及内源代谢中氧化而失效，并能保护含脂质的细胞膜不被破坏，对黄曲霉毒素、亚硝基化合物和多氯联二苯具有抗毒作用。牛奶中维生素E的含量为每千克2～3毫克。

(4)维生素B_1　又称硫胺素。牛奶中含量每千克平均为0.3毫克，具有预防胃肠障碍、血液凝固障碍的作用。

(5)维生素B_2　又称核黄素。牛奶中的含量为每千克1～2毫克，具有增进食欲、防止腹泻和脱毛的作用。

(6)维生素C　又称抗坏血酸。牛奶中的含量为每千克1～4

毫克，具有增进机体抵抗力的作用。

(7)维生素 B_3 又称烟酸或尼克酸。牛奶中的含量为每千克 2 毫克。能预防皮肤病、神经性胃肠障碍等。

(四)牛奶的物理特性

牛奶的物理特性主要包括色泽、气味、冰点、酸度、密度和比重等。

1. 色泽 正常的新鲜牛奶是一种乳白色或稍带黄色的不透明液体，质地均匀的胶态流体，无沉淀、无凝块、无杂质、无异物。白色以外的颜色是由核黄素、叶黄素和胡萝卜素等造成。胡萝卜素主要来源于青饲料，它溶于脂肪而不溶于水，是牛奶带有微黄色的原因，冬季由于青饲料少，牛奶中胡萝卜素含量也少，所以牛奶的颜色会淡些。

2. 气味 牛奶中存有挥发性脂肪酸及其他挥发性物质，所以牛奶带有特殊的香味，这种香味随温度的高低而有差异，加热后其香味强烈，冷却后减弱。

新鲜纯净的牛奶，稍带甜味，这是因为牛奶中含有乳糖的缘故。牛奶中除了甜味之外，因其中含有氯离子而稍带咸味，但因受到乳糖、脂肪、蛋白质等的掩盖，故不易察觉。

牛奶的气味很易受外界影响，与鱼虾、饲料、不良容器等接触会被其气味污染，而使奶的气味变得异常。

3. 冰点 又称凝固点。牛奶的冰点通常为－0.54℃。牛奶冰点的高低与其乳糖、矿物质类含量有关。一般情况下，牛奶中乳糖和矿物质含量越高，冰点越低，相反，冰点越高。奶中掺水，可使冰点增高。牛奶中掺水 1%，冰点可升高 0.005 4℃。所以，测定冰点亦可检查出牛奶是否掺水。牛奶中掺入淀粉、豆浆等使其冰点上升，掺入电解质尿素等可溶性有机物，则使其冰点下降。

4. 酸度 酸度是反映牛奶新鲜度和热稳定性的一项重要指

标。正常牛奶的 pH 值为 6.3～6.9，呈弱酸性。牛奶中弱酸性物质主要有蛋白质(3°T～5°T)、二氧化碳(1°T～2°T)、柠檬酸盐和磷酸盐(10°T～12°T)等。正常牛奶固有的酸度称自然酸度，这种酸度与贮存过程中因微生物活动产生的酸度无关。牛奶在存放过程中由于微生物的活动，分解乳糖为乳酸，使牛奶的酸度升高。这种升高的酸度称为发酵酸度。自然酸度和发酵酸度之和称为总酸度。通常乳品检验中所测定的酸度就是总酸度。

牛奶的酸度一般用吉尔涅尔度(Thomet degrees，°T)表示，即以酚酞为指示剂，滴定中和 100 毫升牛奶所消耗的 0.1 摩(尔)/升氢氧化钠溶液的毫升数表示，也称滴定酸度。正常牛奶的酸度为 15°T～18°T。牛奶的酸度越高。对热的稳定性则越差，超过 25°T 的牛奶煮沸时即自行凝固，很难再加工利用(表 6-1)。

表 6-1　牛奶的凝固温度与酸度之间关系

酸度(°T)	凝固的条件	酸度(°T)	凝固的条件
18	煮沸时不凝固	40	加热至 65℃时凝固
22	煮沸时不凝固	50	加热至 45℃时凝固
26	煮沸时凝固	60	22℃时自行凝固
28	煮沸时凝固	65	16℃自行凝固
30	加热至 77℃时凝固		

酸度过高的牛奶制成的奶粉溶解度差，品质不佳。所以，牛奶的酸度是乳品加工企业收购原料奶时必检的一个指标。

5. 密度和比重　正常牛奶在 20℃时的比重为 1.028～1.032，同温度下，牛奶的密度均较比重小 0.002。如果所测奶样密度明显低于此范围，可初步确定其可能掺水。因为牛奶掺水后变得稀薄，牛奶中的无脂干物质含量低，导致密度下降。所以，可以通过测定牛奶的密度，判断牛奶是否掺水。

四、牛奶的初步处理

牛奶是一种很容易变质的食品。牛奶从挤出到送至乳品加工厂,及至最后到达消费者手中都必须正确加以处理。通过初步处理可以防止牛奶的变质,并可鉴定其是否适于液态奶供应或制成某些加工产品。

(一)验收与称重

牛奶验收时,收奶员首先要观察牛奶的颜色、气味、有无明显的异物和明显的掺杂使假现象。原料奶应为乳白色或稍带黄色的不透明液体,质地均匀的胶态流体,无沉淀、无凝块、无杂质、无异物。颜色过黄,可能有初乳;呈粉红色,可能有血奶;有异味、发酸是酸度过高;有金属味可能是容器有问题。漂有饲料、草渣、牛粪渣、蚊蝇等都是不卫生的现象。

其次取样做酒精试验,取 70%的酒精与等量牛奶混合,观察有无凝固现象,阴性方可收。然后再取样做相对密度(或密度)、乳脂率试验(现在对原料要求越来越高,有的奶品厂还要做乳蛋白、体细胞、细菌数以及是否含抗生素的检测)。

在上述检查完全合格后,方可过磅称重,可以先称毛重,减容器重量后可得出净重;也可以使用流量计方式得出重量。目前国内多使用的重量单位为千克,国外有的使用升或磅。

在将牛奶从小容器向大容器倒的过程中要使用漏斗和过滤纱布,以免泼洒和杂质混入。倒完牛奶后要及时将其清洗干净。

(二)过滤与净化

在牛奶生产过程中,奶的及时过滤具有很重要的意义,尤其是在没有实行完全管道式、挤奶台式等密闭生产工艺条件的牧场里,牛奶可能会被粪屑、饲料、垫草、毛和蚊蝇等污物所污染。这些物质在奶中存留的时间越久，奶中微生物就越多，因此及时过滤奶可以除去杂质及部分微生物，保证鲜奶的质量。最常用的过滤方法是用绢纱或纱布，将消毒过的纱布折成 4～6 层结扎在奶桶口上，挤奶员把挤下的奶经称重后倒入奶桶中，这称为第一次过滤。

奶送到收奶站的过滤称为第二次过滤，其过滤方法仍采用绢纱或纱布。牧场或收奶站的奶送到加工厂(或鲜奶加工间)后的过滤称为第三次过滤，过滤的方法可采用绢纱或纱布，也可采用过滤器。

每次过滤后使用的绢纱或纱布应及时用温碱水洗涤，然后再用清水洗净，最后煮沸 10～20 分钟或用蒸汽杀菌后，保持在清洁干燥处备用。

凡是将牛奶从一个地方送到另一个地方，从一个工序到另一工序，或者由一个容器到另一个容器时，都必须进行过滤。在奶品加工中，原料奶虽然经过几次过滤，但是由于奶中污染了很多的极微小的杂质与细菌，这是用一般的过滤方法不能滤出的，为了使奶达到最高的纯净度必须采用机械(离心净乳机)的净化。净化后的奶应直接加工或短期冷却贮藏。

(三)冷　却

挤奶后将奶迅速冷却是获得优质奶的必要条件。刚挤的奶温度为 36℃左右，是奶中微生物发育最适宜的温度。如果不及时冷却，经过 2～3 个小时后，由于微生物的大量繁殖，会使鲜奶的酸度迅速增高，降低奶的品质，甚至使奶凝固变质(表 6-2)。

表 6-2　牛奶的保藏性与冷却温度的关系

保存时间	酸度(°T)		
	未冷却	冷却至 18℃	冷却 13℃
刚挤出	17.5	17.5	—
挤后 3 小时	18.3	17.5	—
挤后 6 小时	20.9	18.0	17.5
挤后 9 小时	22.5	18.5	—
挤后 12 小时	变酸	19.0	—

刚挤出的奶都具有抑菌特性，然而抑菌特性与奶温有密切的关系，刚挤出的奶温度在 36℃左右，抑菌特性作用时间在 2 小时以内，如奶温冷却到 5℃时，抑菌特性将保持到 24～36 小时。因此，迅速冷却牛奶的温度，对其保鲜起着相当重要的作用(表 6-3)。另外，抑菌特性与牛奶被细菌污染的程度也有密切的关系。严格遵守卫生制度挤奶、牛奶的污染少，抑菌性的作用时间就长。

表 6-3　奶温与抑菌特性作用时间的关系

奶温(℃)	抑菌特性作用时间	奶温(℃)	抑菌特性作用时间
37	2 小时以内	5	36 小时以内
30	3 小时以内	0	48 小时以内
25	6 小时以内	−10	240 小时以内
10	24 小时以内	−25	720 小时以内

奶冷却的方法通常是：简单的水池、水井冷却，回流式冷却器，排管式冷却器，现多采用带有搅拌器和薄片状的冷却槽。

(四)杀　菌

牛奶杀菌的目的是杀灭其中存在的所有致病菌，使产品中残留的微生物数量减少到最低值。牛奶杀菌一般多采用巴氏杀菌法，因其所用温度不同，可分为以下几种方法。

1. 保温杀菌　又称低温杀菌。加热条件为62℃～65℃，30分钟。据试验，采用这一方法杀菌，一般能杀死牛奶中的各种生长型致病菌，杀菌率可达99%，但对部分嗜热菌及耐热性菌以及芽胞等不易杀死。因此，经过低温杀菌方法消毒的牛奶仍有少量的乳酸菌残存，由此而生产的普通瓶装奶在常温下只能保存0.5～1天。这种杀菌方法由于所需时间长，效果也不够理想，因此目前生产上很少采用。

2. 高温短时间杀菌法　杀菌条件为72℃～75℃，保持15～16秒，或以80℃～85℃经数秒钟的瞬间消毒法。利用这种方法，前者对乳清蛋白和磷酸盐的沉淀不很显著，但部分酶基本破坏，酸度降低；后者使乳清蛋白引起显著变性，所有酶类基本破坏，酸度降低，维生素C基本破坏。通常采用板式杀菌器进行（如巴氏杀菌），这种杀菌的优点是时间短，工作效率高，能连续处理大量牛奶。

3. 超高温灭菌法　又称瞬间灭菌法。处理条件为130℃～150℃，保持0.5～4秒钟。用这种方法处理时，奶中微生物全部消灭。因此，牛奶可在常温下贮藏较长时间，是一种比较理想的灭菌法。

4. 过氧化氢杀菌　由于过氧化氢的强力氧化作用，使微生物破坏，而且处理后容易排除。牛奶中的大肠杆菌在37℃的温度下，50毫克/千克的浓度处理5小时即被破坏，当装鲜奶的四角形纸袋被枯草杆菌的芽胞污染时，需在90℃～95℃下用20%的过氧化氢水处理10秒钟才有效果。消毒奶瓶的纸盖，用10%的过氧化氢水浸渍5秒钟，可以达到杀菌的目的。

五、牛奶的贮存和运输

(一)贮　存

1. 奶的保存性与冷却温度的关系　牛奶在贮存前必须进行冷却,最好使其全面降至4℃左右再进行贮存。冷却后的奶应尽可能保存在低温处,以防止温度升高。根据试验,如果将奶冷却到18℃时,对鲜奶的保存已有相当作用。如冷却到13℃时,则保存12小时以上仍能保持其新鲜度。

由于冷却只能暂时停止微生物的生命活动,当奶温逐渐升高时,微生物又开始活动,所以奶在冷却后应在整个保存时间内维持低温。在不影响质量的条件下,温度越低保存时间也就越长(表6-4,表6-5)。

表 6-4　奶的保存时间与冷却温度的关系

保存时间(小时)	应冷却的温度(℃)	保存时间(小时)	应冷却的温度(℃)
6～12	10～8	24～36	5～4
12～18	8～6	36～48	2～1
18～24	6～5		

表 6-5　奶的冷却与奶中细菌数的关系

贮存时间(小时)	细菌数(个/毫升)		贮存时间(小时)	细菌数(个/毫升)	
	冷却奶	未冷却奶		冷却奶	未冷却奶
刚挤出的奶	11500	11500	12	7800	114000
3	11500	18500	24	62000	1300000
6	8000	102000			

2. 贮奶槽的要求　鲜奶贮存中，贮奶槽的隔热尤为重要。必须在低温下能保持相当长的时间。按规定要求，将水置于具有50.8毫米厚度保温层的贮奶槽中，当水温与槽外温差为16.6℃的情况下，18小时后水温的上升必须控制在1.6℃以下，此外还规定如在4.5℃保存时，24小时内搅拌20分钟，脂肪率的变化在0.1%以下。

(二)运　输

奶的运输是奶制品生产上重要的一环。如果运输不当，往往会造成很大损失，甚至无法用来生产。

1. 防止奶在途中温度升高　特别是在夏季运输途中往往使温度很快升高，因此运输时间最好安排在夜间或早晨，或用隔热材料遮盖奶桶。

2. 保持清洁　运输时所用的容器必须保持清洁卫生，并加以严格杀菌，奶桶盖应有特殊的闭锁扣，盖内应有橡皮衬垫，不要用布块、油纸、纸张等作奶桶的衬垫物。因为用布块可以成为带菌的媒介物，用油纸或其他物作衬垫时，不仅带菌而且不容易把奶盖严。此外，更不允许用麦秸、稻草、青草或树叶等作衬垫。

3. 防止振荡　容器内必须装满并盖严，以防止振荡。

4. 及时送达　严格执行责任制，按路程计算时间，尽量缩短中途停留时间，以免鲜奶变质。长距离运送牛奶时，具有一定规模及产奶量的牧场，最好用奶槽车。

六、牛奶的污染与防止措施

(一)污染来源

1. 牛奶中的微生物污染　存在于牛奶中的主要微生物有细

菌，可区分乳酸菌、大肠菌、丁酸菌、丙酸菌和腐败菌群，各菌群中有许多种及亚种；真菌，可分为酵母菌和霉菌；病毒，如噬细菌体，因而损坏干酪、稀奶油和发酵乳制品的质量。

牛奶中有时会出现许多危害人类健康较严重的病原微生物，如结核杆菌、布氏杆菌、沙门氏菌、炭疽杆菌、溶血性或化脓性链球菌、葡萄球菌、李斯特菌、某些大肠杆菌和口蹄疫病毒等，应严加防范。

牛奶很容易被微生物污染，在适当的温度下，细菌迅速繁殖，从而使牛奶酸败、变质，结果失去食用价值。牛奶被微生物污染主要有以下5条途径。

(1)来源于乳房的污染　患有全身性疾病或乳房炎的奶牛，所排出的奶汁中病菌无疑会增多。健康的牛最初挤出的几把奶细菌数比较多，因为乳头管和乳池等管腔是与外界相通的，许多细菌通过乳头管栖生于乳池下部，这些细菌从乳头端部侵入乳房，由于细菌本身的繁殖和乳房的物理蠕动，而进入乳房内部。正常情况下随着挤奶的进行，奶中细菌含量逐渐减少。所以，挤奶时要将头几把奶废弃，以免污染整个乳汁。挤奶过程中微生物的变化情况如表6-6所示。

表6-6　挤奶过程中微生物数量的变化

挤奶过程	开　始	中　途	最　后
每毫升细菌数(个)	1000～10000	480～743	220～360

(2)来源于牛体的污染　挤奶时鲜奶受乳房周围和牛体其他部分污染的机会很多，因为牛舍空气、垫草、尘土以及本身的排泄物中的细菌大量附着在乳房的周围，当挤奶时侵入牛奶中。这些污染菌中多数属于带芽胞的杆菌和大肠杆菌，所以挤奶时必须用温水严格清洗乳房和腹部，并用清洁毛巾或专用卫生纸擦干。

(3)来源于空气　挤奶(手工挤奶)及收奶过程中，鲜奶经常暴露于空气中，因此受空气中微生物污染的机会很多。尤其是牛舍内的空气，含有很多的细菌，通常每毫升空气中含有 50～100 个细菌，灰尘多的时候，可达到 10 000 个。其中以带芽胞的杆菌和球菌属居多。此外，霉菌的孢子也很多。

(4)来源于挤奶用具和奶桶等的污染　挤奶时所用的奶桶、挤奶机、过滤布、洗乳房布以及奶桶等，如果不先清洗杀菌，细菌则通过这些用具使鲜奶受污染。根据试验，如果奶桶只用清水洗，装满牛奶后，每毫升奶中细菌可达 255 万个；用蒸汽杀菌后的奶桶，每毫升只有细菌数 2 万个。如果奶桶杀菌后，细菌数仍很高，则可能是桶内凹凸不平，致使生锈和存在奶垢所致。

各种挤奶用具和容器所存的细菌多数为耐热的球菌，其次是八叠球菌和杆菌。所以，这类用具和容器如果不严格清洗杀菌，鲜奶被污染后，即使用高温瞬间杀菌也不能消灭这些耐热性细菌，结果使鲜奶变质甚至腐败。

(5)其他污染来源　挤奶员的手不清洁，或者混入苍蝇及其他昆虫等都是污染的原因。有人报道，1 只苍蝇附着的细菌数平均为 120 万个，所以，必须严防苍蝇。此外，还要注意勿使污水溅入奶中，并防止其他直接或间接的原因从奶桶口侵入微生物。

因此，挤奶过程中必须采取综合措施，切断以上各种来源的微生物入侵途径，以减少牛奶中的细菌数。牛奶离开牧场，在贮运加工过程中同样会遭受多种多样的微生物污染；在适宜的条件下，原来存在于奶中的细菌会大量生长繁殖，对于牛奶中的微生物千万不可掉以轻心。

2. 牛奶被化学品污染　牛奶被有毒有害化学物质污染的情况有多种来源。

(1)霉菌毒素　饲料中的黄曲霉毒素、镰刀菌毒素、棒曲霉毒素等霉菌毒素被奶牛采食后，可随乳汁排出，毒害人体。

(2)抗生素残留物　在奶牛饲料添加剂中使用抗生素，或在治疗奶牛疾病时使用青霉素、链霉素、庆大霉素、新霉素等，将这些牛所产的奶混入食用牛奶造成的后果是极其严重的。联合国粮农组织和世界卫生组织都建议，在奶牛接受抗生素治疗停药后至少3天内挤出的奶汁，不直接作为食用的奶原料（最好要停药5～7天）。

（3）农药　农用杀菌、杀虫、杀鼠、除莠剂有500余种，常用的为有机氯（如六六六、DDT等）、有机磷类（如敌百虫等）农药，通过多种途径可能混入牛奶。

（4）重金属和有毒盐类　如汞、镉、铅、砷及硝酸盐、亚硝酸盐等过量混入牛奶是绝对不允许的。

（5）其他不允许进入牛奶的化学品　如二噁英、消毒剂、洗涤剂、中和剂等。

（6）掺假物　某些不法经营者在牛奶中人为加入各种杂伪物质，大大降低牛奶品质。

（二）清洗和消毒

1. 清洗消毒的目的　处理鲜奶用的一切器具和设备用后应立即进行清洗消毒，不然很容易形成奶垢，使原料奶的细菌数大量增加。如果长期不进行彻底的清洗消毒，很容易产生黏泥状黄垢，这些黄垢大多是藤黄八叠球菌和其他耐热性细菌所形成。故清洗消毒的目的主要为：一是彻底除去奶成分，防止细菌孳生；二是利用洗涤剂的化学作用和洗刷机械的物理作用，除去细菌和杂质等；三是因清洗消毒后容器均进行干燥，可除去细菌繁殖所必需的水分。

2. 清洗消毒方法　清洗和消毒必须分开进行，因为未经清洗的用具消毒效果不好。清洗时首先用38℃～60℃的温水进行冲洗，目的是洗掉用具壁上残有的牛奶；其次用热的洗涤剂冲洗，目的是除去容器内壁的蛋白质和脂肪等乳固体，洗涤剂有氢氧化钠、氯化物、次氯酸钠、柠檬酸及表面活性剂等;最后再用清水彻底冲洗干净,并保持干燥,待使用前进行消毒处理。

消毒处理方法常用的有:一是沸水消毒,这是最简单的方法,把消毒物置在沸水中,并保持 2～3 分钟(消毒物体的温度要达 90℃);二是蒸汽消毒法,即用蒸汽直接喷在消毒物体上;三是次氯酸钠消毒(溶于 0.25%碳酸钠溶液中)或专用消毒剂,主要是通过氯气的作用起杀菌效果,要求有效氯的含量为 200～300 毫克/千克,用这种方法消毒时,必须彻底冲洗干净,直到无氯味为止。

第七章　奶牛场建设

一、新建奶牛场应慎重考虑的几个问题

其一，养奶牛的效益主要是通过销售牛奶与销售青年母牛来实现的，牛奶市场是决定奶牛生产规模的最主要因素。这就要求投资者应认真研究牛奶市场供求关系及发展潜力，切忌盲目跟风，急于求成，一味求大。奶牛场规模过大，以下几个问题很难解决：一是牛源，二是粪便与污水处理，三是青粗饲料的来源与供应渠道。

其二，一个新建成的奶牛场，从建场开始就一定重视牛群质量，把住购牛关。为确保所购奶牛质量，建议最好到大型规范化奶牛场购买，因为这样的奶牛场牛群质量好，记录完善，有规范化的繁育体系。另外，要有专业技术人员对所购奶牛进行把关。

其三，养奶牛成本高，投资大，生产者要把有限的资金合理分配，以发挥最好的效果。虽然奶牛有“耐寒不耐热”的特性，建设奶牛舍在北方地区应以防寒，南方以防暑，舍内干燥、饲养与除粪方便为主，注意不必把奶牛舍建设得过于豪华。

建设奶牛场，挤奶机与牛奶冷却设备应尽量配套，要选质量好的。性能优良的挤奶机，工作效率高，所挤牛奶卫生质量好，使用时间长，有利于保障奶牛健康。200～400 头母牛的场可选用管道式挤奶机，而 500～600 头母牛的场最好选用厅式挤奶。

其四，建设奶牛场，一开始就要建立健全必要的记录，包括生产记录及育种记录。奶牛养殖户也要建立必要的记录，对自己所饲养的奶牛编号，奶牛来源，所含外血、年龄、胎次、泌乳月，现在产

奶量、发情与配种、是否妊娠、预产期及饲料消耗等必须清楚记载，这样才能做到心中有数。对奶牛个体产奶统计，可采用1个月记录1天，间隔不超过28～33天乘以30或各月实际天数，年末或每头奶牛1个泌乳期结束，进行统计计算出每头奶牛1个泌乳期的实际产奶量。

其五，奶牛是草食家畜，每天需采食大量干草与青绿饲料，每天还要用精料来补充产奶等所需营养。1头牛全年需用的饲料可参考以下数量备足。

青干草1100～1850千克，应有一定比例的豆科干草。

玉米青贮10000～12500千克，或青草青贮7500千克和青草10000～15000千克。

块根、块茎及瓜果类1500～2000千克。

糟渣类2000～3000千克。

精饲料2300～4000千克。其中，高能量饲料占50%，蛋白质饲料占25%～30%。精饲料的各个品种应做到常年均衡供应，尽可能研制供给适合本地区的经济、高效的平衡日粮，其中矿物质饲料应占精料量的2%～3%。

全价配合料可用大型饲料厂家生产的浓缩料，另加一定量的干玉米面即可，也可在建饲料库的同时建一小型饲料加工间，购入大厂预混料后，自行加工全价配合饲料。

其六，奶牛繁殖性能的好坏，不仅影响奶牛数量的增加和质量的提高，还影响奶牛的生产性能和经济效益，因为奶牛不产犊正常情况下就不可能生产牛奶，繁殖性能低下不仅降低奶牛场（户）的经济效益，也使母牛一生总产奶量减少。由于奶牛繁殖障碍，使奶牛空怀天数增加，这就增加了饲养成本。因此，经营者必须关注奶牛的繁殖性能。

奶牛繁殖的一般要求是：发育正常的育成牛15～16个月龄，体重达到320～340千克即可配种，母牛应在24～25月龄产第一胎，母牛分娩后 80～90 天再妊娠，以保持每 12～13 个月生产 1 犊，只有高产牛 1 个泌乳期产奶 8 000 千克以上允许产犊间隔稍长些，每 13～14 个月产 1 犊。

二、场址的选择

奶牛场场址的选择要有周密考虑、统盘安排和比较长远的规划。必须与农牧业发展规划、农田基本建设规划以及今后修建住宅等规划结合起来，必须适应于现代化养牛业的需要。所选场址，要有发展的余地。

其一，地势高燥。奶牛场应建在地势高燥、背风向阳、地下水位较低(2 米以下)，具有缓坡的北高南低，总体平坦地方。切不可建在低凹处、风口处，以免排水困难，汛期积水及冬季防寒困难。

其二，土质良好。土质对奶牛的健康、牛场管理有很大影响。奶牛场的土质以砂壤土为好。土质松软，透水性强，雨水、尿液不易积聚，雨后没有硬结、有利于牛舍及运动场的清洁与卫生干燥，有利于防止蹄病及其他疾病的发生。

其三，水源和电力供应充足。奶牛场要有充足的合乎卫生要求的水源，保证生产生活及人、畜饮水。水质良好，不含毒物，确保人、畜安全和健康。奶牛场用水量很大，1 头成年母牛每天需要饮水 50 升左右，加上各种用具及牛舍的清洗，每天每头用水量在 100～200 升，夏季用水量更大。在现代化奶牛场中，机械挤奶、牛奶的冷藏、精粗饲料的加工等，有的场连喂料和清粪都采用了机械化，这些一刻都离不开电。因此，在奶牛场选址时就要先对当地的水源水质及供电情况做充分的调查研究。

其四，草料丰富。奶牛是草食动物，牛饲养所需的饲料特别是粗饲料需要量大，1 头成年母牛每天需采食 50～60 千克的饲草饲料。饲草不容易运输，因此，牛场应距秸秆、青贮和干草饲料资源较近，以保证草料供应，减少运费，降低成本。

其五，交通方便。奶牛场每天都有大批饲草饲料运进来，又有大量牛奶和粪肥运出。运输量很大，来往频繁，有些运输要求风雨无阻，因此奶牛场应建在离公路或铁路较近的交通方便的地方。

其六，便于防疫。奶牛场应离开主要交通要道、村镇、工厂500米以外，一般交通道路200米以外。还要避开对奶牛场污染的屠宰、加工和工矿企业，特别是化工类企业。符合兽医卫生和环境卫生的要求，周围无传染源。地方病多因土壤、水质缺乏或过多含有某种元素而引起。地方病对奶牛生长和奶的质量影响很大，有的虽可防治，但势必会增加成本。故应尽可能避免建在有地方病的地区。

此外，选址建场时要注意节约用地，不占或尽量少占耕地。

三、奶牛场的布局与建筑设计

（一）牛场规划布局

牛场场区规划应本着因地制宜、科学饲养、环保高效的要求，合理布局，统筹安排。考虑今后发展应留有余地。场地建筑物的配置应做到紧凑整齐，提高土地利用率，节约用地，不占或少占耕地，节约供电线路、供水管道，有利于整个生产过程和便于防疫灭病，并注意防火安全。符合现代化布局的要求与风格。

1. 分区规划布局 奶牛场一般包括3～4个功能区，即生活区、管理区、生产区和粪尿污水处理、病牛管理区。

(1)生活区 指职工住宅区。应在牛场上风头和地势较高地段，并与生产区保持100米以上距离，以保证生活区良好的卫生环境。

(2)管理区 包括与经营管理、产品加工销售有关的建筑物。

管理区要和生产区严格分开，保证 50 米以上距离，外来人员只能在管理区活动，场外运输车辆、牲畜严禁进入生产区。

(3)生产区　应设在场区的较下风位置，要能控制场外人员和车辆，使之不能直接进入生产区，要保证最安全，最安静。大门口设立门卫传达室、消毒室、更衣室和车辆消毒池，严禁非生产人员出入场内，出入人员和车辆必须经消毒室或消毒池进行严格消毒。生产区奶牛舍要合理布局，分阶段分群饲养，按泌乳牛群、干乳牛群、产房、犊牛舍、育成前期牛舍、育成后期牛舍顺序排列，各牛舍之间要保持适当距离，布局整齐，以便防疫和防火。但也要适当集中，节约水电线路管道，缩短饲草饲料及粪便运输距离，便于科学管理。粗饲料库设在生产区下风口地势较高处，与其他建筑物保持 60 米防火距离。兼顾由场外运入，再运到牛舍两个环节。饲料库、干草棚、加工车间和青贮池，离牛舍要近一些，位置适中一些，便于车辆运送草料，减少劳动强度。但必须防止牛舍和运动场因污水渗入而污染草料。

(4)粪尿污水处理和病牛管理区　设在生产区下风地势低处，与生产区保持 300 米卫生间距，病牛区应便于隔离，单独通道，便于消毒，便于污物处理等。尸坑和焚尸炉距牛舍 300～500 米。防止污水粪尿废弃物蔓延污染环境。

2. 现代奶牛场生产区规划布局　奶牛饲养大体上有 2 种模式：传统的拴系饲养方式和现代的散栏饲养方式。因此，奶牛场生产区规划布局大体上也有 2 种模式。

(1)传统的拴系饲养　主要以牛舍为中心，集奶牛饲喂、休息、挤奶于同一牛床上进行。各奶牛舍的管理相互平行，管理承包方式实行人员包干。即每人承包 15～25 头牛，这些奶牛的饲喂、挤奶、清粪全由 1 人负责。其优点是饲养管理可以做到精细化。而缺点是费事、费时，难于实现高度的机械化，劳动生产率较低。

(2)现代化散栏饲养　主要以牛为中心，将奶牛的饲喂、休息、挤奶分设于不同的专门区域进行。奶牛的管理工序垂直或交叉，管理承包方式实行工种包干。即饲喂人员专门负责奶牛的饲喂，挤奶人员专门负责奶牛的挤奶、清粪人员专门负责奶牛的清粪。其优点是省工、省时，便于实行高度的机械化，劳动生产率高。缺点是饲养管理群体化，难于做到个别照顾。奶牛场的整体布局应是实现两个三分开：即人(住宅)、牛(活动)、奶(存放)三分开；奶牛的饲喂区、休息区、挤奶区三分开。尽量减少脏、净道路交叉污染。

(二)牛场的建筑设计

1. 牛舍　牛舍是奶牛场最主要的建筑，目前可分为拴系式牛舍和散放式牛舍 2 种类型及犊牛舍和产房。

(1)拴系式牛舍　这是一种传统式的牛舍。每头牛都有固定的牛床，用颈枷或绳子拴住牛头，除放运动场外，饲喂、挤奶、刷拭及休息均在牛舍的牛床上进行，其优点是有专人管养固定的牛群，对每头牛的情况比较熟悉，管理细致，配种、治疗等操作方便，奶牛有较好的休息环境和采食位置，相互干扰小。缺点是操作烦琐费力，劳动生产率较低，奶牛关节损伤比较重。

拴系式牛舍常用的有钟楼式、半钟楼和双坡式 3 种。

钟楼式牛舍通风良好，适合于南方地区，但构造比较复杂，耗材料多，造价高。为了降低造价，可将钟楼的跨度及高度分别减少到 1.5 米和 0.5 米左右，仅起透气孔的作用。

半钟楼式牛舍通风较好，但夏季牛舍北侧较热，适宜于北方，可增加冬天的采光，构造也比较复杂。

双坡式牛舍与一般房屋一样，可通过加大门窗面积来增强通风换气。冬季关闭门窗有利于保温，牛舍造价低，易施工，适用性强。

①牛床排列方式　牛舍内部牛床的排列方式要视奶牛场的规模和地形条件而定，分单列式、双列式和四列式等。牛群 20 头以

下可采用单列式，数千头以上特大型牧场可采用四列式，目前见到的牧场多采用双列式。在双列式中有对头式和对尾式 2 种，一般认为对尾式比较理想，这是因为对尾式牛头向窗，有利于通风采光，传染疾病的机会少，特别是挤奶及清理粪便比较方便。缺点是饲喂不便，喂料不如对头式容易使用机械化。国内大多数牧场多采用对尾式。

②牛舍设施　主要有牛床、饲槽、走道、粪尿沟等。

牛床：牛床是奶牛采食、挤奶和休息的地方，一般情况下，奶牛一天内约有 50％的时间是在牛床上，雨、雪天则全天都在牛床上，因此牛床的设计是否合理对奶牛影响很大。要求牛床应具有保温、不吸水、不积水、坚固耐用、易于清洁消毒等特点。牛床的长度（自饲槽后缘至排粪沟）取决于牛体大小和拴系方式，一般成年母牛为 1.75～1.85 米，育成牛为 1.65～1.75 米。牛床不宜过长或过短，过短时奶牛起卧受限制，后腿会站到粪沟里，容易引起蹄病和乳房损伤，发生乳房炎或腰腿受损；牛床过长则粪便容易污染牛床和牛体。

牛床的宽度取决于奶牛的体型，一般奶牛的肚宽为 75 厘米左右，故常采用 1.1～1.25 米宽的牛床，因为挤奶要在牛床上操作，牛床不宜太窄，否则挤奶员在两头牛之间会感到挤奶操作不方便，而且也不安全。

牛床还应有适当的坡度，并高出清粪通道 5 厘米，以利于冲洗和保持干燥，坡度常采用 1％～1.5％。此外要注意，牛床应采用水泥地面，并在后半部划有防滑线。牛床上可铺垫草或木屑，也可采用橡胶垫。

奶牛的拴系方式有硬式和软式 2 种。硬式可采用钢管制成，软式采用铁链或绳，其中铁链拴牛又有固定式、直链式及横链式 3 种。直链式尺寸为：长链长 130～150 厘米，下端固定于饲槽后壁，上端拴在一根横栏杆上；短链长 50 厘米，两端用两个铁环穿在长链上，并能沿长链上下滑动，这种拴系方式，牛可以上下左右自由活动，采食、休息均较方便。

为便于挤奶操作，防止奶牛相互侵占床位，可在牛床之间设置由弯曲钢管制成的隔栏，隔栏的长度约为牛床地面长度的 2/3，栏杆高 80 厘米，由前向后倾斜。

饲槽：饲槽位于牛床前，通常为固定式的统槽。由于奶牛的体力很大，奶牛舌头表面特别粗糙，所以饲槽必须坚固，表面光滑，能耐磨、耐酸，最好是水磨石或高级地砖及大理石等。饲槽底部为圆弧形，以适应奶牛用舌舔食的习惯，并便于清洗消毒，饲槽上部宽可在 40～50 厘米。

饲槽内侧设有牛栏杆，整个饲槽两端设有带栅栏的排水孔，以防草渣类堵塞下水道。近年来许多的牧场采用地面饲槽，即饲槽不突出地面，或略低于地面，仅在内侧有 10 厘米高的挡墙，这种饲槽结构简单，造价低廉，便于操作，清洗方便，实为今后的发展方向。

饮水器：现在稍上规模的牧场都采用自动饮水器代替过去的饮水池，这可以保证奶牛有充足的饮水，可提高产奶量。一般在两头牛之间的牛栏上装 1 个饮水器。

喂料通道：喂料通道位于饲槽前，用作运送分发饲料用，通道宽为 1.3～2 米，机械喂料要根据使用机械的实际宽度而定，要求喂料通道高于牛床 5～10 厘米。

清粪通道：牛舍内的清粪道也是奶牛进出和挤奶员操作的通道，因此通道的宽除了要满足清粪运输工具的往返外，还要考虑挤奶员的工具通行和停放，而不至于被牛粪尿等溅污，这要求通道的宽在 1.6～2 米，路面要中间高，两边低，并有大于 1%的拱度，略低于牛床，同时路面要划有防滑线，防止奶牛进出时拥挤跌倒。

粪尿沟：在牛床与清粪通道之间要有粪尿沟（也可设立排水沟），该沟道常是明沟，沟宽为 30～40 厘米，沟深为 25～30 厘米，沟底为波浪式，每隔4～5个床位形成一个浪高，高低落差3～5厘米并向道路中心主排水沟留1个5厘米孔洞，以便尿液随时排出，保证床位和道路的干燥。粪尿沟也可采用深沟加铸铁盖或水泥漏缝盖板，粪尿通过漏缝落入粪沟内。

运动场：在每栋牛舍的南面应设有运动场。运动场地不宜过小，否则牛密度过大，易引起运动场泥泞，造成运动场卫生太差，导致乳房炎、腐蹄病发生。运动场面积可按成年母牛20～40米^2/头，育成牛15～20米^2/头，运动场场地以三合土或沙质土为宜，亦可半边水泥地或砖地，半边用土地。地面要平坦，有1.5%～2.5%的坡度，排水通畅，靠近牛舍一侧应较高，其余三面设排水沟，运动场周围应设围栏，常用钢管围造，立柱间距3米1根，立柱高度按地平计算1.3～1.4米。有条件也可采用电围栏，栏高1.2米左右。运动场内设有饲槽、饮水槽。饲槽一般建造在运动场的边缘且靠近道路边的围栏旁，以便于喂粗料、补料，其一端设1个食盐槽。饲槽位置在背风向阳处并与牛舍平行，槽长为成年奶牛每头0.2～0.3米，槽宽80～90厘米，外缘高80厘米，内缘高60厘米，槽深40～50厘米，槽侧牛采食站立面为混凝土地面；饮水槽可建在运动场的中间或运动场的边缘，槽内大小、长度根据牛群的大小而定，一般长3～4米，宽70厘米，槽底宽50厘米，槽高100厘米，以便经常清洗水槽，保持清洁饮水。也可在运动场建凉棚。

（2）散（栏）放式牛舍　由于拴系式饲养使用劳动力多，劳动强度大，劳动生产率低，近年来一些大型牧场越来越多的采用散放式的模式。这种饲养方式不仅在于奶牛的不拴系，而且在奶牛的饲养管理、生产工艺和劳动组织等方面均有较大的改变。即将奶牛的采食、休息与挤奶在两个地方进行，使饲喂、挤奶、清粪成了不同工种专门岗位化，便于推广机械化、工厂化的奶牛生产，可大幅度提高劳动效率，同时散栏式牛舍内部设备简单，造价低，牛在牛舍内可自由活动，显得更加舒适。散放式饲养的缺点是不易做到个别饲养，而且由于共同使用饲槽和饮水设备，传染疾病的机会增多。

①散放式饲养牧场的总体布局　散放式饲养应以奶牛为中心，通过对粗饲料、精饲料、牛奶、粪便处理等4个方面的操作进行分工，形成粗饲料生产供应，精饲料生产供应，牛奶生产和粪便处理4条线。另外，还要建立兽医室、人工授精室、产房以及供应水电、排水、排污、道路等服务系统。散放式奶牛场由于牛群调动频繁，产奶牛都要集中到挤奶厅挤奶，因此生产区内各类牛舍必须有一个统一布局，要求产奶牛舍相对集中，并按产奶牛舍－干奶牛舍－产房－犊牛舍－育成牛舍的顺序排列，从而使干奶牛、犊牛与产房靠近，而产奶牛舍与挤奶厅靠近。

②散放式饲养的牛舍结构　因气候条件不同散放牛舍可分为房舍式、棚舍式和荫棚式3种。

房舍式：这一类型牛舍适于北方，一般气温在26℃以下、－18℃以上可适用，华中、华东地区多采用三面墙，向南的一面敞开，屋脊上有钟楼式的排气窗。

棚舍式：棚舍式牛舍适于气候较暖和的南方地区，牛舍四面无墙，只有屋顶，形如凉爽棚，故通风良好，饲槽多设在棚内。冬季需防寒、防风时可在北面设活动挡风板。

荫棚式：荫棚式和棚舍式相仿，只是结构更简单。

散放式牛床可设计成单列式、双列对头式或对尾式、三列式，牛群规模大也可以设计成四列式。由于散放式牛床与饲槽不直接相连，为方便牛休息，一般牛床总长为2.5米左右，其中牛床净长1.7米，前端长0.8米。为防止牛粪尿污染牛床，在牛床上要加设调驯栏杆，以便牛站立时身体向后运动，牛的粪便不致排在牛床上，调驯栏杆的位置可根据需要进行调整，一般设在牛床上1.2米处。

散放式牛床一般高于通道15～25厘米，边缘呈弧形，常用垫草的牛床面可比牛床边缘稍低些，以便用垫草或其他垫料将之垫平。不垫草的床面可与边缘平，并有4%以下的坡度，以保持牛床干燥。

牛床的隔栏由2～4根横杆组成，顶端横杆高一般为1.2米，底端横杆与牛床地面的间隔以35～45厘米为宜，隔栏有多种形状。

散放式牛舍内的走道结构要视清粪的方式而定，一般为水泥地面，并有2%～3%的斜度，以利于清洗。走道的宽为2～4.8米，与饲槽毗邻的走道要比一般的走道宽些，以便当有牛在采食时，其尾后还有足够的空间让其他牛自由往来走动。如采用机械刮粪，则走道宽应与机械宽相适应，如采用水力冲洗牛粪，则走道应采用漏缝地板，这种漏缝地板多用钢筋水泥条制成，缝隙为3.8～4.4厘米，漏缝地板下的粪沟应有30°的倾斜度，以利于将粪冲到牛舍的积粪池。

采食隔栏的作用是将牛与饲槽隔开，大多采用角铁与粗钢筋制成，附有自锁式颈架，每头牛之间的宽度为65厘米左右。

(3)犊牛舍　一般规模较大的奶牛场都设有单独的犊牛舍或犊牛栏，犊牛舍要求清洁干燥，通风良好，光线充足，防止贼风和潮湿。目前常用的犊牛栏主要有单栏(笼)、群栏、舍外犊牛栏等数种。

①单栏(笼)　犊牛出生后即要在靠近产房的单栏(笼)中饲养，要求每犊一栏，隔离管理，一般1月龄或断奶后才过渡到群栏饲养。犊牛笼长130厘米，宽80～110厘米，高110～120厘米。笼的侧、背面可用木条、钢筋或钢丝网制成，笼的侧面向前伸出24厘米左右，这样可防止犊牛互相吮舐，笼底用木制漏缝地板，利于排尿，笼正面为向外开的笼门，可采用镀锌管制作，设有颈枷，并在下方安有两个活动的铁圈和草架，铁圈可供放桶式盆，以便犊牛喝奶后能自由饮水并采食精料和草料。

②群栏　按犊牛大小进行分群，采用散放自由牛床式的通栏饲养。群栏的面积根据犊头数而定，一般每栏饲养15头，每头犊牛占地面积1.8～2.5平方米，栏高120厘米，通栏面积一半左右可略高于地面，并稍有斜度，铺上垫草作为自由牛床，另一半作为自由活动的场地。通栏一侧或两侧设有饲槽并装有栏栅颈枷，以便于在喂奶或其他必要时对犊牛的固定。每栏设有自动饮水器，以便犊牛随时喝到清洁的水。

③室外犊牛栏　在气候温和的地区或季节，犊牛出生后3天即可饲养在室外犊牛栏，这种犊牛栏是一种半开放式的牛栏，由侧板、顶板及后板围成。侧板2块，四边长分别为150厘米、165厘米、115厘米和145厘米，是前高后低的直角梯形，顶板为130厘米×170厘米的矩形；后板为115厘米×120厘米的矩形，每头犊牛占面积5.4平方米。一般可采用厚度不小于1.25厘米的木板制作，最好外包铁皮。

在室外犊牛栏的前边设一运动场，运动场由直径1～3厘米的钢管围成栅栏状，围栏长、宽、高分别为300厘米、120厘米和90厘米，围栏前设有喂奶槽和饮水桶，以便于犊牛在这一定范围内活动，自由采食和饮水。

室外犊牛栏应保持干燥、卫生，勤换垫草，栏的后板应设一排气孔，犊牛在室外犊牛栏内饲养60～120天，断奶后即可转入育成牛舍，室外犊牛栏设备简单，投资少，犊牛成活率较高，但耗费劳动力。

(4)产房　奶牛场都应设有产房。产房是专用于饲养围产期奶牛的地方，由于围产期奶牛的抵抗力较弱，产科疾病发病率也较高，因此产房要求冬暖夏凉，舍内便于清洁和消毒。产房内的牛床位数一般可按全场成年母牛10%～13%设置，采用双列对尾拴系式，牛床长2.2～2.4米，宽1.4～1.5米，以便于接产操作。

2. 挤奶厅　挤奶厅是大型奶牛场，特别是采用散放式饲养牧场不可缺少的重要设施。

(1)挤奶厅的主要优点

①卫生条件好　由于奶牛都集中在一个卫生条件好的挤奶厅内挤奶，牛奶挤出后通过管道直接流入奶缸，中间无污染环节。同时，厅式挤奶清洗效果好，更能有效地对奶杯内套、奶管壁及奶缸壁等与奶接触的设备进行彻底清洗和消毒。因此，采用厅式挤奶有利于提高牛奶的卫生质量。

②附属设备自动化或半自动化　挤奶员大多可站立工作，不用弯腰，比较舒适省力，而且目前挤奶厅的附属设备都已自动化或半自动化，更有利于提高劳动效率。

③便于实施机械化　与传统饲养和挤奶相比，使用厅式挤奶便于饲喂、清粪和挤奶的机械化。

(2)挤奶厅的形式　挤奶厅的形式比较多，如平面畜舍式、串列式、并列式、鱼骨式、转盘式等，但目前国内使用较多的是鱼骨式，个别大型牧场也有使用转盘式。

鱼骨式挤奶厅是由于挤奶台两排挤奶机及被挤牛的排列形状如鱼骨状而得名。其挤奶台栏位一般按倾斜 30°设计，这样就使得牛的乳房部位更接近挤奶员，有利于挤奶操作，减少走动距离，提高劳动效率，因此在奶牛场使用比较普遍。

鱼骨式挤奶厅棚高一般不低于 2.45 米，中间设有挤奶员操作的坑道，坑道深 0.85～1.07 米，宽 2～2.3 米，长度与挤奶栏的数量有关，一般为 9～16 米。

(3)挤奶厅的附属设备　为充分发挥挤奶厅的优势作用，应配有相应的附属设备，如待挤区、滞留栏、机房、牛奶制冷间等。这些设备的自动化程度应与挤奶设备的自动化程度相适应，否则将影响设备潜力的发挥，造成设备的无形浪费。

①待挤区　待挤区是将同一组待挤奶牛集中在 区域内等待挤奶。较为先进的待挤区内还配置有自动将牛赶向挤奶台集中的

装置,待挤区常设计为方形,且宽度不大于挤奶厅,面积按每头牛1.6平方米计算,牛在待挤区内停留时间一般不超过1小时。同时,应避免在挤奶厅入口处设置死角、门、隔墙或台阶、斜坡,以免造成牛群阻塞。待挤区的地面要易于清洁打扫,要防滑,环境要明亮,通风良好,且有3%～5%的坡度(由低到高至挤奶厅入口)。

②滞留栏　由于用挤奶厅的牧场都是采用散放式饲养,如需进行剪毛、修蹄、配种、治疗等,则均要将牛牵至固定架或处理间,但此时往往不太容易将牛赶离牛群,所以多在挤奶厅进口或出口的通道旁设一滞留栏,栏门由挤奶员控制。在挤奶过程中如发现有需进行治疗或配种的牛,则在挤完奶放牛时将该牛赶入滞留栏。

③附属用房　在挤奶厅旁通常设有动力机房、牛奶贮存制冷间、更衣室、卫生间等。

3. 青贮窖(池)　规范化奶牛场,不论规模大小都应该有制作青贮饲料的设施。每头牛每年可按5 000～8 000千克计算青贮饲料的用量,每立方米的青贮量一般在700～800千克,这样可计算出全场需建青贮窖(池)的容积。建造青贮窖(池)的地方要排水方便,不能积水,墙体要牢固,特别是地上的窖(池)的墙体要加钢筋,因为制作青贮时要踩紧、压实,这对墙体的压力非常大。

4. 其他设施　奶牛场的其他设施包括:精饲料加工间及仓库、干草棚、牛粪场、配电房、供水系统(水塔、蓄水池、锅炉房)以及非生产设施如办公室、食堂、浴室等。

为了做好防疫工作,生产区和生活区一定要分开,在牧场大门要建有消毒池及消毒室,生产区的入口处也应该有消毒池。

四、奶牛场的环保与粪便无害化处理

随着养牛业生产的规模化和集约化,一方面为市场提供了大量优质的牛奶,另一方面养牛场也产生了大量的粪、尿、污水、废弃物、甲烷、二氧化碳等，如控制与管理不当，也将会给当地造成环境污染。一般 1 000 头规模的奶牛场日产粪尿 50 吨，这些粪尿、污水及废弃物除部分作为肥料外，相当数量是排放到牧场的周围，污物还会产生臭气及孳生蚊、蝇，影响环境。目前，奶牛场对环境的污染问题，主要有以下几种处理方法。

（一）土地还原法

这是最古老的控制牛粪污染方法。因为牛粪是很好的有机肥料，含有植物生长的所有营养物质，这些物质在土壤里能被植物吸收，而且还具有改善土壤结构和保存水分的作用，可以改善农业生态环境，提高农作物和牧草的产量，为畜牧业生产提供更多的饲料。因此，在任何一个奶牛场都要建有牛粪场，以便将牛粪收集起来，给农民作肥料。

牛粪场在建造时要选择离牛舍较远的地方。粪场底面、侧面要密封，以防渗漏污染地下水。粪场可按每头牛每天 0.05～0.06 立方米计算，粪场的容积要看牛粪在牛粪场停留的时间长短，周转期短的容积可小点，周转期长则需要的场地就大。

（二）沼气（甲烷）发酵法

在奶牛场建一个或多个沼气池，将牛粪尿全部送入沼气池内进行发酵处理，不仅可以净化环境，而且可以获得生物能源（沼气），同时发酵后的粪渣、沼气液都是种植业很好的有机肥料，这样把种植业与养殖业有机结合起来，形成一个多次利用、多层次增值的生态系统。目前，世界上许多国家都广泛利用此种处理奶牛场粪尿方法，不过沼气池或沼气罐的造价过大，一次性投资高。

利用沼气池或沼气罐厌氧发酵的粪尿，每立方米牛粪尿可产生多达 1.32 立方米沼气，以 1 000 头奶牛场产生的沼气可供 1 400 户职工烧菜做饭，1 年可节约生活用煤 1 000 多吨。粪尿经厌氧发酵后，含有丰富的氮、磷、钾及维生素，是种植业的优质有机肥，沼气液还可用于养鱼或牧草地的灌溉等。

(三)人工湿地处理

这是一种“氧化塘＋人工湿地”的处理模式，在国外有不少应用，国内还处在试验阶段。湿地经过人工精心设计和建造，种有多种水生植物(如水葫芦、细绿萍、水花生等)。

水生植物根系发达，为微生物提供了良好的生存场所。微生物以有机物质为食物而生存，它们排泄的物质又成为水生植物的养料，收获的水生植物可再作为沼气原料、庄稼绿肥或草鱼等的饵料。水生动物及菌藻，随水流入鱼塘作为鱼的饵料。通过微生物与水生小动物共生互利作用，使污水得以净化，这种净化后的水再经过消毒净化后，可作为冲洗牛舍的用水。浓的有机粪水在水葫芦池中经7～8天吸收净化，有机物质可降低82.2%，有效态氮降低52.4%，速效磷降低51.3%，该处理模式与其他粪尿处理设施相比较具有投资少、维护保养简单的优点。

(四)生态工程处理

这种处理首先是通过分离器或沉淀池将固体厩肥与液体厩肥分离，其中固体厩肥作为有机肥还田或作为食用菌(如蘑菇等)培养基，液体厩肥进入沼气厌氧发酵池。通过微生物—植物—动物—菌藻的多层生态净化作用，使污水得以净化。净化的水达到国家排放标准后，可排到江河，回归自然或直接回收，用于冲刷牛舍等。

(五)牛粪养蚯蚓

用蚯蚓养殖来消耗牛粪，不仅可以变废为宝，还可以创造出良好的经济和生态效益。蚯蚓可以用来作饲料和肥料，深加工后，还可作化妆品、食品和药品原料。以667平方米地为例，用来养殖蚯蚓，1年可处理牛粪等120吨，可产蚯蚓1.5吨，蚯蚓粪30吨。在农业发展中形成农作物秸秆养牛—牛粪养蚯蚓—生产绿色生态肥料蚯蚓粪—促进农作物生产的良好生态链。其做法是：先将牛粪与饲料残渣混合堆沤腐熟，达到蚯蚓产卵、孵化、生长所需的理化指标，然后按适当厚度将腐熟料平铺于地，放入蚯蚓让其繁殖。

此外，利用生物菌种进行发酵处理牛粪，再填充其他原料，将牛粪加工生产成无公害生物有机复合肥；奶牛场的排污物还可通过干燥处理、粪便饲料化应用以及营养调控等措施进行控制。

随着奶牛业生产的发展，奶牛场污染问题已被人们高度重视，解决这一问题应因地制宜，实事求是，根据当地具体情况，选择合理措施。

附　录

附录一　奶牛的营养需要

成年母牛的维持营养需要

体重（千克）	日粮干物质（千克）	奶牛能量单位（NND）	粗蛋白质（克）	钙（克）	磷（克）	胡萝卜素（毫克）
400	5.55	10.13	413	24	18	42
450	6.06	11.07	451	27	20	48
500	6.56	11.97	488	30	22	53
550	7.04	12.88	524	33	25	58
600	7.52	13.73	559	36	27	64
650	7.98	14.59	594	39	30	69
700	8.44	15.43	628	42	32	74

注：① 为简便起见，对第一个泌乳期的维持需要在上表基础上增加20%，第二个泌乳期增加10%；

② 如第一个泌乳期的年龄和体重过小，应按生长牛的需要计算实际体重的营养需要；

③ 放牧运动时，需在上表的基础上增加能量需要量如下：行走1千米增加2.4%，行走2千米增加4.1%，行走3千米增加8.2%，行走4千米增加11.8%，行走5千米增加16.5%；

④在环境温度高或低的情况下，维持能量消耗增加，需在上表的基础上增加需要量如下：25℃时增加10%，30℃时增加22%，32℃时增加29%，35℃时增加34%，5℃时增加7%，0℃时增加12%，－5℃时增加18%，－10℃时增加22%，－15℃时增加27%，－20℃时增加32%；

⑤ 日粮中粗纤维含量按干物质的15%～20%考虑；

⑥ 泌乳期间，每增加 1 千克体重需增加 8 个奶牛能量单位和 325 克可消化粗蛋白质(500 克粗蛋白质)，每减 1 千克体重需扣除 6.56 个奶牛能量单位和 250 克可消化粗蛋白质(385 克粗蛋白质)。

每产 1 千克奶的营养需要

乳脂率（%）	日粮干物质（千克）	奶牛能量单位（NND）	可消化粗蛋白质（克）	粗蛋白质（克）	钙（克）	磷（克）
2.5	0.31～0.35	0.80	44	68	3.6	2.4
3.0	0.34～0.38	0.87	48	74	3.9	2.6
3.5	0.37～0.41	0.93	52	80	4.2	2.8
4.0	0.40～0.45	1.00	55	85	4.5	3.0
4.5	0.43～0.49	1.06	58	89	4.8	3.2
5.0	0.46～0.52	1.13	63	97	5.1	3.4
5.5	0.49～0.55	1.19	66	102	5.4	3.6

母牛怀孕最后四个月的营养需要

<table>
<tr><th>体重（千克）</th><th>怀孕月份</th><th>日粮干物质（千克）</th><th>奶牛能量单位（NND）</th><th>粗蛋白质（克）</th><th>钙（克）</th><th>磷（克）</th><th>胡萝卜素（毫克）</th></tr>
<tr><td rowspan="4">350</td><td>6</td><td>5.78</td><td>10.51</td><td>451</td><td>27</td><td>18</td><td rowspan="4">67</td></tr>
<tr><td>7</td><td>6.28</td><td>11.44</td><td>518</td><td>31</td><td>20</td></tr>
<tr><td>8</td><td>7.23</td><td>13.17</td><td>629</td><td>37</td><td>22</td></tr>
<tr><td>9</td><td>8.70</td><td>15.84</td><td>777</td><td>45</td><td>25</td></tr>
<tr><td rowspan="4">400</td><td>6</td><td>6.30</td><td>11.47</td><td>489</td><td>30</td><td>20</td><td rowspan="4">76</td></tr>
<tr><td>7</td><td>6.81</td><td>12.40</td><td>557</td><td>34</td><td>22</td></tr>
<tr><td>8</td><td>7.76</td><td>14.13</td><td>668</td><td>40</td><td>24</td></tr>
<tr><td>9</td><td>9.22</td><td>16.80</td><td>815</td><td>48</td><td>27</td></tr>
</table>

续附表

体重（千克）	怀孕月份	日粮干物质（千克）	奶牛能量单位（NND）	粗蛋白质（克）	钙（克）	磷（克）	胡萝卜素（毫克）
450	.6	6.81	12.40	528	33	22	86
	7	7.32	13.33	595	37	24	
	8	8.27	15.07	706	43	26	
	9	9.73	17.73	854	51	29	
500	6	7.31	13.32	565	36	25	95
	7	7.82	14.25	632	40	27	
	8	8.78	15.99	743	46	29	
	9	10.24	18.65	891	54	32	
550	6	7.80	14.20	602	39	27	105
	7	8.31	15.13	669	43	29	
	8	9.26	16.87	780	49	31	
	9	10.72	19.53	928	57	34	
600	6	8.27	15.07	637	42	29	114
	7	8.78	16.00	705	46	31	
	8	9.73	17.73	815	52	33	
	9	11.20	20.40	963	60	36	
650	6	8.74	15.92	671	45	31	124
	7	9.25	16.85	738	49	33	
	8	10.21	18.59	849	55	35	
	9	11.67	21.25	997	63	38	
700	6	9.22	16.76	705	48	34	133
	7	9.71	17.69	772	52	36	
	8	10.67	19.43	883	58	38	
	9	12.13	22.09	1031	66	41	

续附表

体重（千克）	怀孕月份	日粮干物质（千克）	奶牛能量单位（NND）	粗蛋白质（克）	钙（克）	磷（克）	胡萝卜素（毫克）
750	6	9.65	17.57	738	51	36	143
	7	10.16	18.51	806	55	38	
	8	11.11	20.24	917	61	40	
	9	12.58	22.91	1065	69	43	

注：① 干奶期按上表计算营养需要；

② 怀孕第六个月如未干奶，除按上表计算营养需要外还应加产奶的营养需要。

生长母牛的营养需要

体重（千克）	日增重（克）	日粮干物质（千克）	奶牛能量单位（NND）	粗蛋白质（克）	钙（克）	磷（克）	胡萝卜素（毫克）
40	0		2.20	63	2	2	4.0
	200		2.67	154	6	4	4.1
	300		2.93	200	8	5	4.2
	400		3.23	243	11	6	4.3
	500		3.52	285	12	7	4.4
	600		3.84	326	14	8	4.5
	700		4.19	366	16	10	4.6
	800		4.56	405	18	11	4.7
50	0		2.56	75	3	3	5.0
	300		3.32	211	9	5	5.3
	400		3.60	254	11	6	5.4
	500		3.92	295	13	8	5.5
	600		4.24	335	15	9	5.6
	700		4.60	375	17	10	5.7
	800		4.99	414	19	11	5.8

续附表

体重（千克）	日增重（克）	日粮干物质（千克）	奶牛能量单位（NND）	粗蛋白质（克）	钙（克）	磷（克）	胡萝卜素（毫克）
60	0		2.89	86	4	3	6.0
	300		3.67	220	10	5	6.3
	400		3.96	262	12	6	6.4
	500		4.28	303	14	8	6.5
	600		4.63	343	16	9	6.6
	700		4.99	383	18	10	6.7
	800		5.37	422	20	11	6.8
70	0	1.22	3.21	95	4	4	7.0
	300	1.67	4.01	254	10	6	7.9
	400	1.85	4.32	305	12	7	8.1
	500	2.03	4.64	355	14	8	8.3
	600	2.21	4.99	400	16	10	8.4
	700	2.39	5.36	448	18	11	8.5
	800	2.61	5.76	494	20	12	8.6
80	0	1.35	3.51	108	5	4	8.0
	300	1.80	4.32	265	11	6	9.0
	400	1.98	4.64	315	13	7	9.1
	500	2.16	4.96	365	15	8	9.2
	600	2.34	5.32	411	17	10	9.3
	700	2.57	5.71	457	19	11	9.4
	800	2.79	6.12	503	21	12	9.5
90	0	1.45	3.80	117	6	5	9.0
	300	1.84	4.64	272	12	7	9.5
	400	2.12	4.96	323	14	8	9.7

续附表

体重（千克）	日增重（克）	日粮干物质（千克）	奶牛能量单位（NND）	粗蛋白质（克）	钙（克）	磷（克）	胡萝卜素（毫克）
90	500	2.30	5.29	371	16	9	9.9
	600	2.48	5.65	417	18	11	10.1
	700	2.70	6.05	463	20	12	10.3
	800	2.93	6.48	509	22	13	10.5
100	0	1.62	4.08	126	6	5	10.0
	300	2.07	4.93	294	13	7	10.5
	400	2.25	5.27	348	14	8	10.7
	500	2.43	5.61	400	16	9	11.0
	600	2.66	5.99	449	18	11	11.2
	700	2.84	6.39	500	20	12	11.4
	800	3.11	6.81	548	22	13	11.6
125	0	1.89	4.73	149	8	6	12.5
	300	2.39	5.64	314	14	7	13.0
	400	2.57	5.96	366	16	8	13.2
	500	2.79	6.35	417	18	10	13.4
	600	3.02	6.75	465	20	11	13.6
	700	3.24	7.17	514	22	12	13.8
	800	3.51	7.63	563	24	13	14.0
	900	3.74	8.12	609	26	14	14.2
	1000	4.05	8.67	651	28	16	14.4
150	0	2.21	5.35	171	9	8	15.0
	300	2.70	6.31	331	15	9	15.7
	400	2.88	6.67	383	17	10	16.0
	500	3.11	7.05	434	19	11	16.3

续附表

体重（千克）	日增重（克）	日粮干物质（千克）	奶牛能量单位（NND）	粗蛋白质（克）	钙（克）	磷（克）	胡萝卜素（毫克）
150	600	3.33	7.47	480	21	12	16.6
	700	3.60	7.92	528	23	13	17.0
	800	3.83	8.40	575	25	14	17.3
	900	4.10	8.92	622	27	16	17.6
	1000	4.41	9.49	662	29	17	18.0
175	0	2.48	5.93	192	11	9	17.5
	300	3.02	7.05	349	17	10	18.2
	400	3.20	7.48	400	19	11	18.5
	500	3.42	7.95	451	22	12	18.8
	600	3.65	8.43	495	23	13	19.1
	700	3.92	8.96	543	25	14	19.4
	800	4.19	9.53	589	27	15	19.7
	900	4.50	10.15	634	29	16	20.0
	1000	4.82	10.81	674	31	17	20.3
200	0	2.70	6.48	246	12	10	20.0
	300	3.29	7.65	402	18	11	21.0
	400	3.51	8.11	451	20	12	21.5
	500	3.74	8.59	498	22	13	22.0
	600	3.96	9.11	545	24	14	22.5
	700	4.23	9.67	591	26	15	23.0
	800	4.55	10.25	635	28	16	23.5
	900	4.86	10.91	680	30	17	24.0
	1000	5.18	11.60	718	32	18	24.5

续附表

体重（千克）	日增重（克）	日粮干物质（千克）	奶牛能量单位（NND）	粗蛋白质（克）	钙（克）	磷（克）	胡萝卜素（毫克）
250	0	3.20	7.53	291	15	13	25.0
	300	3.83	8.83	440	21	14	26.5
	400	4.05	9.31	488	23	15	27.0
	500	4.32	9.83	535	25	16	27.5
	600	4.59	10.40	578	27	17	28.0
	700	4.86	11.01	623	29	18	28.5
	800	5.18	11.65	668	31	19	29.0
	900	5.54	12.37	711	33	20	29.5
	1000	5.90	13.13	748	35	21	30.0
300	0	3.69	8.51	332	18	15	30.0
	300	4.37	10.08	478	24	16	31.5
	400	4.59	10.68	525	26	17	32.0
	500	4.91	11.31	571	28	18	32.5
	600	5.18	11.99	612	30	19	33.0
	700	5.49	12.72	657	32	20	33.5
	800	5.85	13.51	698	34	21	34.0
	900	6.21	14.36	740	36	22	34.5
	1000	6.62	15.29	777	38	23	35.0
350	0	4.14	9.43	374	21	18	35.0
	300	4.86	11.11	517	27	19	36.8
	400	5.13	11.76	562	29	20	37.4
	500	5.45	12.44	606	31	21	38.0
	600	5.76	13.17	648	33	22	38.6
	700	6.08	13.96	691	35	23	39.2

续附表

体重（千克）	日增重（克）	日粮干物质（千克）	奶牛能量单位（NND）	粗蛋白质（克）	钙（克）	磷（克）	胡萝卜素（毫克）
350	800	6.39	14.83	732	37	24	39.8
	900	6.84	15.75	774	39	25	40.4
	1000	7.29	16.75	809	41	26	41.0
400	0	4.55	10.32	412	24	20	40.0
	300	5.36	12.28	552	30	21	42.0
	400	5.63	13.03	597	32	22	43.0
	500	5.94	13.81	642	34	23	44.0
	600	6.30	14.65	683	36	24	45.0
	700	6.66	15.57	725	38	25	46.0
	800	7.07	16.56	766	40	26	47.0
	900	7.47	17.64	806	42	27	48.0
	1000	7.97	18.80	842	44	28	49.0
450	0	5.00	11.16	451	27	23	45.0
	300	5.80	13.25	589	33	24	48.0
	400	6.10	14.04	634	35	25	49.0
	500	6.50	14.88	678	37	26	50.0
	600	6.80	15.80	718	39	27	51.0
	700	7.20	16.79	760	41	28	52.0
	800	7.70	17.84	802	43	29	53.0
	900	8.10	18.99	842	45	30	54.0
	1000	8.60	20.23	875	47	31	55.0
500	0	5.40	11.97	488	30	25	50.0
	300	6.30	14.37	626	36	26	53.0
	400	6.60	15.27	671	38	27	54.0

续附表

体重（千克）	日增重（克）	日粮干物质（千克）	奶牛能量单位（NND）	粗蛋白质（克）	钙（克）	磷（克）	胡萝卜素（毫克）
500	500	7.00	16.24	715	40	28	55.0
	600	7.30	17.27	755	42	29	56.0
	700	7.80	18.39	797	44	30	57.0
	800	8.20	19.61	837	46	31	58.0
	900	8.70	20.91	877	48	32	59.0
	1000	9.30	22.33	912	50	33	60.0
550	0	5.80	12.77	525	33	28	55.0
	300	6.80	15.31	665	39	29	58.0
	400	7.10	16.27	709	41	30	59.0
	500	7.50	17.29	752	43	31	60.0
	600	7.90	18.40	794	45	32	61.0
	700	8.30	19.57	835	47	33	62.0
	800	8.80	20.85	877	49	34	63.0
	900	9.30	22.25	917	51	35	64.0
	1000	9.90	23.76	951	53	36	65.0
600	0	6.20	13.53	560	36	30	60.0
	300	7.20	16.39	702	42	31	66.0
	400	7.60	17.48	746	44	32	67.0
	500	8.00	18.64	791	46	33	68.0
	600	8.40	19.88	832	48	34	69.0
	700	8.90	21.23	874	50	35	70.0
	800	9.40	22.67	915	52	36	71.0
	900	9.90	24.24	957	54	37	72.0
	1000	10.50	25.03	002	56	38	73.0

附录二　高产奶牛饲养管理规范
（中华人民共和国专业标准）

本《规范》适用于全国国营、集体和个体专业户奶牛场高产奶牛群（或个体）的饲养与管理。

1. 总　则

1.1　制定本《规范》的目的，在于维护高产奶牛的健康，延长利用年限，充分发挥其产奶性能，降低饲养成本，增加经济效益。

1.2　本《规范》主要是针对一个泌乳期 305d 产奶量 6000kg 以上、含脂率 3.4%（或与此相当的乳脂量）的牛群和个体奶牛。中等产奶水平的牛群或 305d 产奶万千克以上的高产奶牛，也可参考使用。

1.3　本《规范》的各条内容必须认真执行。各地也可根据这些条款，因地制宜地制订适合本地区情况的《饲养管理技术操作规程》。

2. 饲　料

2.1　充分利用现有饲料资源，划拨饲料基地，保证饲料供给。一头高产奶牛全年应贮备，供应的饲草、饲料量如下：

青干草：1 100～1 850kg（应有一定比例的豆科干草）。

玉米青贮：10 000～12 500kg（或青草青贮 7 500kg 和青草 10 000～15 000kg）。

块根、块茎及瓜果类：1 500～2 000kg。

糟渣类：2 000～3 000kg。

精饲料：2 300～4 000kg（其中高能量饲料占 50%，蛋白质饲料占 25%～30%），精饲料的各个品种应做到常年均衡供应，尽可能研制供给适合本地区的经济、高效的平衡日粮，其中矿物质饲料应占精料量的 2%～3%。

2.2　每年应对所喂奶牛的各种饲料进行一次常规营养成分测定，并反复做出饲用及经济价值的鉴定。

2.3　大力提倡种植豆科及其他牧草。调制禾本科干草，应于抽穗期刈割；豆科或其他干草，应在开花期刈割。青干草的含水量在 15% 以下，绿色、芳香、茎枝柔软、叶片多、杂质少，并应打捆设棚贮藏，防止营养损失，其切铡长度应在 3cm 以上。

2.4　建议不喂青刈玉米，应喂带穗玉米青贮。青贮原料应富含糖分（例如甜高粱等），干物质在25%以上。青贮玉米在蜡熟期收贮，禾本科牧草在结籽前收割，各种含水分较多的根茎类应经风干或掺入10%～20%的糠麸类饲料青贮，也可将豆科和禾本科草混贮。建议用塑料薄膜或青贮塔（窖）贮藏。制成的青贮料应呈黄绿色或棕黄色，气味微酸带酒香味，南方应推广青草青贮。

2.5　块根、块茎及瓜果类应尽量用含干物质和糖多的品种，并妥善贮藏，防霉、防冻，喂前洗净切成小块。糟渣类饲料除单喂外，也可与切碎的秸秆混贮。

2.6　库存精饲料的含水量不得超过14%，谷实类饲料喂前应粉碎成1～2mm粗粒和压扁，一次加工不应过多，夏季以10d内喂完为宜。

2.7　应重视矿物质饲料的来源和组成。在矿物质饲料中，应有食盐和一定比例的常量和微量元素。例如骨粉、白垩（非晶质碳酸钙）、碳酸钙、磷酸二钙、脱氟磷酸盐类及微量元素，并应定期检查饲喂效果。

2.8　配合饲料应根据本地区的饲料资源，各种饲料的营养成分，结合高产奶牛的营养需要，因地制宜地选用饲料，进行加工配制。

2.9　应用定型商品配（混）合饲料时，必须了解其营养价值。

2.10　应用化学、生物活性等添加剂时，必须了解其作用与安全性。

2.11　严禁饲喂霉烂变质饲料、冰冻饲料、农药残毒污染严重的饲料、被病菌或黄曲霉污染的饲料、黑斑病甘薯和未经处理的发芽的马铃薯等有毒饲料，必须清除饲料中的金属异物。

3. 营养需要

3.1　干奶期　日粮干物质应占体重2.0%～2.5%，每千克饲料干物质含奶牛能量单位1.75，粗蛋白11%～12%，钙0.6%、磷0.3%。精料和粗饲料比为25∶75，粗纤维含量不少于20%。

3.2　围产期　分娩前两周，日粮干物质应占体重2.5%～3%，每千克饲料干物质含奶牛能量单位2.00，粗蛋白占13%、含钙0.2%、磷0.3%；分娩后立即改为钙0.6%、磷0.3%。精料和粗饲料比为40∶60，粗纤维含量不少于23%。

3.3　泌乳盛期　日粮干物质应由占体重2.5%～3%，逐渐增加到3.5%以上，每千克干物质应含奶牛能量单位2.4个，粗蛋白占16%～18%、钙 0.7%、磷 0.45%。精料和粗饲料比由 40∶60 逐渐改为 60∶40，粗纤维含量不少于 15%。

3.4　泌乳中期　日粮干物质应占体重 3.0%～3.2%，每千克含奶牛能量单位 2.13 个，粗蛋白占 13%、钙 0.45%、磷 0.4%。精料和粗饲料比为 40∶60，粗纤维含量不少于 17%。

3.5 泌乳后期　日粮干物质应占体重 3.0%～3.2%，每千克含奶牛能量单位 2.00，粗蛋白占 12%、钙 0.45%、磷 0.35%。精料和粗饲料比为 30∶70，粗纤维含量不少于 20%。

4. 饲　养

4.1　干奶期应控制精料喂量，日粮以粗饲料为主，但不应饲喂过量的苜蓿干草和玉米青贮。同时应补喂矿物质、食盐，保证喂给一定数量的长干草。

4.2　围产期必须精心饲养，分娩前两周可逐渐增加精料，但最大喂量不得超过体重的 1%。干奶期禁止喂甜菜渣，适当减少其他糟渣类饲料。分娩后第一、第二天应喂容易消化的饲料，补喂40～60g 硫酸钠，自由采食优质饲草，适当控制食盐喂量，不得以凉水饮牛。分娩后第三、第四天起，可逐渐增喂精料，每天增喂量0.5～0.8kg，青贮、块根喂量必须控制。分娩 2 周以后，在奶牛食欲良好、消化正常、恶露排净、乳房生理肿胀消失的情况下，日粮可按标准喂给，并可逐渐加喂青贮、块根类饲料，但应防止糟渣、块根过食和消化机能紊乱。

4.3　泌乳盛期必须饲喂高能量的饲料，并使高产奶牛保持良好食欲，尽量采食较多的干物质和精料，但不宜过量。适当增加饲喂次数，多喂品质好、适口性强的饲料。在泌乳高峰期，青干草、青贮应自由采食。

4.4　泌乳中、后期应逐渐减少日粮中的能量和蛋白质；泌乳后期，可适当增加精料，但应防止牛体过肥。

4.5　初孕牛在分娩前 2～3 个月应转入成母牛群，并按成母牛干奶期的营养水平进行饲喂。分娩后，应增加 20% 的维持营养需要，第二胎增加 10%。

4.6　全年饲料供给应均衡稳定，冬夏季日粮不得过于悬殊，饲料必须合理搭配。配合日粮时，建议各种饲料的最大喂量为：

青干草：10kg(不少于 3kg)

青贮：25kg

青草：50kg(幼嫩优质青草喂量可适当增加)

糟渣类：10kg(白酒糟不超过5kg)

块根、块茎及瓜果类：10kg

玉米、大麦、燕麦、豆饼：各4kg

小麦麸：3kg

豆类：1kg

4.7 泌乳盛期、日产奶量较高或有特殊情况(干奶，妊娠后期)的奶牛，应有明显标志，以便区别对待饲养。饲养必须定时定量，每天喂3～4次，每次饲喂的饲料建议精、粗交替多次喂给，并在运动场内设补饲槽，供奶牛自由采食饲草。在饲喂过程中应少喂勤添，防止精料和糟渣饲料过食。

4.8 夏季日粮应适当提高营养浓度，保证供给充足的饮水，降低饲料粗纤维含量，增加精料和蛋白质的比例，并补喂块根、块茎和瓜类饲料，冬季日粮营养丰富，增加能量饲料，饮水温度应保持在12℃～16℃，不饮冷水。

5. 管 理

5.1 奶牛场应建造在地势高燥，采光充足，排水良好，环境幽静，交通方便，没有传染病威胁和三废污染、易于组织防疫的地方，严禁在低洼潮湿、排水不良和人口密集的地方建场。

5.2 牛舍建筑应符合卫生标准，坚固耐用，冬暖夏凉，宽敞明亮，具备良好的清粪排尿系统，舍外设粪尿池。有条件的地方可利用粪尿制作沼气。

5.3 在牛舍外的向阳面应设运动场，并和牛舍相通，每头牛占用面积$20m^2$左右。运动场地应平坦，为沙土地，有一定坡度，四周建有排水沟，场内有遮阳棚和饮水槽、矿物质补饲槽，四周围栏应坚实、美观，运动场应有专人管理清扫粪便，垫平坑洼，排除污泥积水。

5.4 牛舍和运动场周围应有计划地种树、种草、种花，美化环境，改善奶牛场小气候。

5.5 奶牛场各饲养阶段的奶牛应分群(槽)管理，合理安排挤奶、饲喂、饮水、刷拭、打扫卫生、运动、休息等项工作日程，一切生产作业必须在规定时间完成，作息时间不应轻易变动。

5.6 严格执行防疫、检疫和其他兽医卫生制度，定期进行消毒，建立系统的奶牛病历档案；每年定期进行1～2次健康检查，其中包括酮病、骨营养不良等病的检查；春秋季各进行一次检蹄修蹄，建议在犊牛阶段进行去角。

5.7　高产奶牛每天必须铺换褥草，坚持刷拭，清洗乳房和牛体上的粪便污垢。夏季最好每周进行一次水浴或淋浴(气温过高时应每天一至数次)，并应采取排风和其他防暑降温措施；冬季防寒保温。

5.8　高产奶牛每天应保持一定时间和距离的缓慢运动，对乳房容积大，行动不便的高产奶牛，可作牵行运动。酷热天气，中午牛舍外温度过高，应改变放牛和运动时间。

5.9　高产奶牛每胎必须有60～70d干奶期，建议采用快速干奶法。干奶前用CMT法进行隐性乳房炎检查，对强阳性(“＋＋”以上)应治疗后干奶，在最末一次挤奶后向每个乳头内注入干奶药剂，干奶后应加强乳房检查与护理。

5.10　高产奶牛产前两周进入产房，对出入产房的奶牛应进行健康检查，建立产房档案。产房必须干燥卫生，无贼风。建立产房值班和交接班制度，加强围产期的护理，母牛分娩前，应对其后躯、外阴进行消毒。对于分娩正常的母牛，不得人工助产，如遇难产，兽医应及时处理。

5.11　高产奶牛分娩后，应及早驱使站起，饮以温水，喂以优质青干草，同时用温水或消毒液清洗乳房、后躯和牛尾，然后清除粪便，更换清洁柔软褥草。分娩后1～1.5h进行第一次挤奶，但不要挤净，同时观察母牛食欲、粪便及胎衣的排出情况，如发现异常，应及时诊治。分娩两周后，应作酮血病等检查，如无疾病，食欲正常，可转大群管理。

6. 挤　奶

6.1　每年应编制每头奶牛的产奶计划，建议以高产奶牛泌乳曲线作参考，按照每头奶牛的年龄、分娩时间、产奶量、含脂率以及饲料供应等情况，进行综合估算。

6.2　高产奶牛的挤奶次数应根据各泌乳阶段、产奶水平而定。每天可挤奶3次，也可根据挤奶量高低酌情增减。

6.3　挤奶员必须经常修剪指甲，挤奶前穿好工作服，洗净双手，每挤完一头牛应洗手和臂，洗手水中应加0.1％漂白粉。

6.4　奶具使用前后必须彻底清洗、消毒，奶桶及胶垫处必须清洗干净。洗涤时应用冷水冲洗，后用温水冲洗，再用0.5％烧碱温水(45℃)刷洗干净，并用清水冲洗，然后进行蒸汽消毒。橡胶制品清洗后用消毒液消毒。

6.5　挤奶环境应保持安静，对牛态度和蔼，挤奶前先拴牛尾，并将牛体后躯、腹部及牛尾清洗干净，然后用45℃～50℃的温水，按先后顺序擦洗乳房、乳头、乳房底部中沟、左右乳区与乳镜，开始时可用带水多的湿毛巾，然后将毛巾拧干自下而上擦干乳房。

6.6 乳房洗净后应进行按摩，待乳房膨胀，乳静脉怒张，出现排乳反射时，即应开始挤奶。第一把挤出的奶含细菌多，可弃去。挤奶时严禁用牛奶或凡士林擦抹乳头，挤奶后还应再次按摩乳房，然后一手托住各乳区底部，另一只手把牛奶挤净。初孕牛在妊娠5个月以后应进行乳房按摩，每次5min，分娩前10～15d停止。

6.7 手工挤奶应采用拳握式，开始用力宜轻，速度稍慢，待排乳旺盛时应加快速度，每分钟压挤80～120次，每分钟挤奶量不少于1.5kg。

6.8 每次挤奶必须挤净，先挤健康牛，后挤病牛，牛奶挤净后，擦干乳房，用消毒液浸泡乳头。

6.9 机器挤奶真空压力应控制在46.57～50.60千帕，搏动器搏动次数每分钟应控制在60～70次，在奶少时应对乳房进行自上而下的按摩，并应防止空挤。挤奶结束后，应将挤奶机清洗消毒，然后放在干燥柜内备用。分娩10d以内的母牛，或患乳房炎的母牛，应改为手挤，病愈后再恢复机器挤奶。

6.10 认真做好产奶记录，刚挤下的奶必须用过滤器或多层纱布进行过滤，过滤后的牛奶，应在2h内冷却到4℃以下，入冷库保藏。过滤用的纱布每次用后应该洗涤消毒，并应定期更换，保持清洁卫生。

6.11 重视培训挤奶人员，并应保持相对稳定，不应轻易更换。

7. 配 种

7.1 建立发情预报制度，观察到母牛发情，不论配种与否，均应及时记录。配种前，除作表观、行为观察和黏液鉴定外，还应进行直肠检查，以便根据卵泡发育状况，适时输精。

7.2 高产奶牛分娩后20d应进行生殖器检查，如有病变，应及时治疗。对超过70d不发情的母牛或发情不正常者，应及时检查，并应从营养和管理方面寻找原因，改善饲养管理。

7.3 高产奶牛产后70d左右开始配种，配种天数不超过90d。初配年龄以15～16月龄、体重为成年母牛60%以上为宜。

7.4 合理安排全年产犊计划，尽量做到均衡产犊，在炎热地区的酷暑季节，可适当控制产犊头数。

7.5　高产奶牛应严格按照选配计划，用优良公牛精液进行配种，必须保证种公牛精液的质量。

8. 统计记录

8.1　奶牛场应按全国统一制定的记录表格，逐项准确地填写各项生产记录，包括产奶量、含脂率、配种产犊、生长发育、外貌鉴定、饲料消耗、系谱以及疾病档案(包括防疫，检疫)等。

8.2　根据原始记录，定期进行统计、分析和总结，用于指导生产。

补充件一 术语解释

高产奶牛：305天产奶(不足305天者，以实际天数统计)6 000千克以上，含脂率3.4%的奶牛。

初产牛：指第一次分娩的母牛。

初孕牛：指第一次怀孕的母牛。

围产期：指母牛分娩前后各15天以内的时间。

日粮：一昼夜内，一头奶牛采食的各种饲料的总和。

饲养标准：指我国制定的奶牛饲养标准。

奶牛能量单位：我国饲养标准中，以3 138千焦耳产奶净能作为1个奶牛能量单位。

CMT隐性乳房炎检查法：是加利福尼亚州乳房炎试验检查隐性乳房炎的一种方法。

附录三　奶牛乳房炎防制规范(试行)

(一)总　则

1. 本规范制定和实施的目的是为了控制和降低奶牛乳房炎的发生，以提高奶的产量和质量。

2. 本规范贯彻以预防为主、防重于治的原则。

3. 本规范适用于国有、集体奶牛场及养牛专业户。

(二)挤奶规程

1. 挤奶员必须经过培训，合格后才能上岗；尽量固定，避免频繁调动；每年至少进行健康检查1次。

2. 挤奶前的准备

(1)认真检查贮奶罐与挤奶桶的卫生，如发现卫生状况不佳，必须重新清洗和消毒。

(2)认真刷拭牛体，在牛体刷拭干净后半小时内开始挤奶。

(3)挤奶员应修整指甲，穿清洁的工作服和鞋，戴上工作帽。

(4)清洗双手，并用适宜的消毒液消毒，如0.1%过氧乙酸溶液。

3. 人工挤奶方法

(1)将牛尾拴在一侧后肢上。

(2)挤奶时，用大拇指与食指轻轻擦拭乳头。

(3)乳头用广谱杀菌剂浸泡或喷雾乳头数秒。

(4)用50℃热毛巾充分擦洗和按摩乳房，洗净、擦干，边擦拭、边按摩，直至4个乳头充分充盈为止。洗乳房水要经常更换，一般要求每头牛用1小桶水，如条件不允许，每桶水最多不超过3头牛。用后的毛巾要及时清洗，每天消毒1次。

(5)检查挤出的头2把奶汁状况，并将此奶放置于专用容器内。

(6)掌握正确的挤奶方法，一般用拳握法，乳头短小的，可用指捋法。

(7)挤奶速度应先慢后快再慢方式，一般要求每分钟压挤乳头80～100次，在5～7分钟内基本挤完。

(8)遵守正确的挤奶顺序，先挤健康牛，后挤乳房炎牛。乳房炎牛应用专备毛巾和消毒水，乳不能挤在牛床上，将乳放于专用容器内，集中处理。

(9)4 个乳区初步挤净后，再进行第二次热敷和按摩乳房，将奶挤净。

(10)挤奶完毕后 30 秒内，4 个乳区内再挤出的残余奶不得多于 150 毫升。

(11)挤奶过程中，对奶牛要尽量避免异常刺激。

4. 机器挤奶方法

(1)不适用机器挤奶的奶牛，如乳房炎、乳头损伤、产后恢复期、乳头间距大且极度外向、乳头太粗大、乳房极度下垂等，不能上机挤奶。

(2)用 50 ℃热水擦拭冲洗乳头和乳房。

(3)乳头用广谱杀菌剂浸泡或喷雾乳头数秒。

(4)用清洁且消毒毛巾或纸巾擦干乳头。

(5)检查人工挤出的头 2 把奶的乳汁状况，并将奶置于专用容器内。

(6)根据挤奶机的型号，严格按操作规程的要求正确使用挤奶机。

(7)每头奶牛控制在 3～5 分钟内挤完。

(8)严禁挤奶机空挤奶头。

(9)如发现乳房炎病牛，及时报告兽医，改用手工挤奶，并进行治疗。

(10)挤奶完毕后，凡有奶通过的挤奶机部件，需用温水冲洗干净，然后用消毒液消毒，再用清水冲洗。

(11)挤奶机要专人定期保养和维修，及时更换易损坏的零件。

5. 无论人工挤奶或机器挤奶，挤完后，用清洁且消毒过的毛巾或纸巾擦干乳头，并将乳头用广谱杀菌剂浸泡或喷雾乳头数秒。

(三)饲　养

1. 牛群严格按照“奶牛饲养标准”及“高产奶牛饲养规范”进行饲养。

2. 严禁饲喂发霉变质的精饲料、块根料、青贮料、秸秆等。

(四)管　理

1. 犊牛、青年牛的管理

(1)犊牛要尽量分开单栏饲养，以免相互吸吮，损伤乳头。

(2)妊娠青年牛在妊娠 7 个月以后至产犊前 2 周，每天进行 2 次乳房按摩。

2. 泌乳期管理

(1)每天检查乳房,如发现损伤要及时治疗。

(2)临床型乳房炎要在兽医监督下给予及时而合理的治疗,对有可能传染的重病牛立即隔离。

(3)泌乳牛每年3、6、9、11月份进行隐性乳房炎的监测,如"++"以上阳性乳区超过15%时,应对牛群及各个挤乳环节做全面检查,找出原因,制定相应的解决措施。

(4)反复发病(1年5~6次以上),长期不愈,产奶量低的慢性乳房炎病牛,以及某些特异病菌引起的耐药性强、医治无效的病牛要及时淘汰。

3. 干奶管理

(1)干奶前1周应适当调整日粮配方,减少多汁饲料及精料的饲喂量。

(2)干奶前1个月内进行隐性乳房炎的监测工作,如发现"++"以上阳性反应牛要及时治疗;阴性反应时方可干乳。

(3)干奶后半个月及产犊前半个月,每天坚持对乳头用广谱杀菌剂浸泡或喷雾乳头数秒。

(4)掌握正确的干奶方法,采用药物快速干奶法或药物逐渐干奶法。

(5)整个干奶期实行"挂牌"管理制度,专人负责,每天逐头观察,做好记录,一旦发现病乳区,及时挤净,并进行治疗。治愈后重新干奶。

4. 围产期管理

(1)母牛预产前2周,调入产房饲养,产犊2周后调回奶牛舍。进出产房的牛应随带"奶牛进出产房登记卡",由有关责任兽医填写产前、产后乳腺状况,对乳房炎阳性反应牛治愈后才能调回奶牛舍。

(2)乳腺较大的牛,产前、产后牛床需多垫褥草;不准强行驱赶站立或急走;蹄尖过长应及时修整;必要时用绷带包紧两后肢悬蹄,防止发生乳房外伤。

(3)分娩时,合理、正确地助产,尽量避免乳房及生殖道发生损伤。对生殖道已感染的牛,要及时隔离和治疗,排泄物要及时清除和消毒。

(五)育　种

1. 必须测定种子母牛对乳房炎抵抗力的遗传力,逐步淘汰对乳房炎抵抗力差的牛,建立抗乳房炎强的种子母牛群.

2. 在选用种公牛精液时,除根据体型外貌、系谱等选择外,还应着重通过后裔测定，了解后代女儿的乳房状况、产乳性能及对乳房炎抵抗力的遗传力等。不用乳房炎遗传系数高的公牛精液。

(六)预　防

1. 牛舍建筑及内部设施应符合卫生要求。

2. 运动场无积水、无砖石瓦块等易造成乳房外伤的异物。

3. 每天清除牛床和运动场的积粪，每季度至少消毒一次。

4. 夏季做好防暑降温工作，消灭蚊蝇。

5. 冬季做好防冻保暖工作。舍饲牛，牛床上适量铺垫草，并及时打扫和更换。

6. 新购入的泌乳奶牛，应进行乳房炎检测，对"＋＋"以上的阳性反应牛，应及时隔离和治疗，经再次检测为阴性时，方可与原健康牛群合群。

7. 及时治疗与乳房炎有关的其他疾病，如胎衣不下、子宫内膜炎、产后败血症等。

(七)职　责

1. 兽医技术员职责

(1)及时而合理地治疗乳房炎病牛，对传染性大的病牛要提出处理意见，并采取果断措施。

(2)建立病历登记制度，逐月、逐年统计发病率，摸索发病规律，及时制定和调整适合本场情况的有关防制措施，及时备全有关药品和器械。

(3)检查场内乳房炎防制措施的实施状况，发现问题及时解决。

(4)负责工人的培训工作。

2. 挤奶员职责

(1)严格执行预防奶牛乳房炎发生的各项措施。

(2)认真检查每头牛的乳腺状况，发现患病乳区时立即报告兽医，及时处理。

(3)定期接受培训，提高挤奶水平。

(八)防制乳房炎应达到的目标

1. 全群成年母牛中，每月隐性乳房炎的乳区阳性率不超过 12%。

2. 全群成年母牛中，全年临床型乳房炎的发病率，按头计算，不超过 15%；按乳区计算，不超过 8%。

3. 全年因乳房炎造成乳区废损率不超过 2%。

4. 全年因乳房炎而被迫淘汰的头数，不超过全群成年母牛的 2%。

参考文献

[1] 华南农业大学主编．养牛学．北京:农业出版社,1987.

[2] 蒋兆春主编．奶牛生产大全．南京:江苏科学技术出版社,2002.

[3] 莫 放主编．养牛生产学．北京:中国农业大学出版社,2003.

[4] 王福兆主编．乳牛学(第三版)．北京:科学技术文献出版社,2004.

[5] 王根林主编．养牛学(第二版)．北京:中国农业出版社,2006.

[6] 王杏龙,等．新鲜牛乳酸度增高的原因分析．中国奶牛,2003,5:51-52.

[7] 王杏龙．如何看待牛胚胎移植技术在实际生产中的应用．中国奶业协会第十九次繁殖技术研讨会论文集,2004.

[8] 肖定汉主编．奶牛病学．北京:中国农业大学出版社,2002.

[9] 张忠诚主编．家畜繁殖学(第四版)．北京:中国农业出版社,2004.

[10] 中国牛品种志编写组．中国畜禽遗传资源状况．中国牛品种志．上海:上海科学技术出版社,1988.

[11] 许世卫．乳品的消费与市场拓展．中国奶业协会第五届会员代表大会论文集,2006.

[12] Erich Kolb. Lehrbuch der Physiologie der Haustiere. VEB Gustav Fischer Verlag Jena, fuenfte ueberarbeitete Auflage 1989.

[13] Hoechst. Brunstzyklus und Traechtigkeit beim Rind

im Bild. Hoechst Roussel Vet Vertriebs gmbH, 1999. D—Unter schleissheim.

［14］ Hafez ESE. Reproduction in Farm Animal. 1993, 6th Edition. Lea & Febiger, Philadelphia.